工程施工安全必读系列

市政工程

闫　晨　主编

中国铁道出版社

2012年·北　京

内 容 提 要

本书以问答的形式介绍了市政道路工程、下水道工程、桥梁工程、市政给水排水工程、市政供热和燃气管道工程的施工安全技术，做到了技术内容最新、最实用，文字通俗易懂，语言生动，并辅以直观的图表，能满足不同文化层次的技术工人和读者的需要。

图书在版编目(CIP)数据

市政工程/闫晨主编．—北京：中国铁道出版社，2012.5
（工程施工安全必读系列）
ISBN 978-7-113-13797-7

Ⅰ.①市… Ⅱ.①闫… Ⅲ.①市政工程－工程施工－安全技术－问题解答 Ⅳ.①TU99-44

中国版本图书馆 CIP 数据核字(2011)第 223704 号

书　　名：工程施工安全必读系列
市 政 工 程
作　　者：闫　晨

策划编辑：江新锡
责任编辑：曹艳芳　陈小刚　**电话**：010－51873193
封面设计：郑春鹏
责任校对：孙　玫
责任印制：郭向伟

出版发行：中国铁道出版社(100054，北京市西城区右安门西街 8 号)
网　　址：http://www.tdpress.com
印　　刷：北京市燕鑫印刷有限公司
版　　次：2012 年 5 月第 1 版　2012 年 5 月第 1 次印刷
开　　本：850mm×1168mm　1/32　印张：4.375　字数：122 千
书　　号：ISBN 978-7-113-13797-7
定　　价：12.00 元

工程施工安全必读系列
编写委员会

前言

建设工程安全生产工作不仅直接关系到人民群众生命和财产安全，而且关系到经济建设持续、快速、健康发展，更关系到社会的稳定。如何保证建设工程安全生产，避免或减少安全事故，保护从业人员的安全和健康，是工程建设领域急需解决的重要课题。从我国建设工程生产安全事故来看，事故的根源在于广大从业人员缺乏安全技术与安全管理的知识和能力，未进行系统的安全技术与安全管理教育和培训。为此，国家建设主管部门和地方先后颁布了一系列建设工程安全生产管理的法律、法规和规范标准，以加强建设工程参与各方的安全责任，强化建设工程安全生产监督管理，提高我国建设工程安全水平。

为满足建设工程从业人员对专业技术、业务知识的需求，我们组织有关方面的专家，在深入调查的基础上，以建设工程安全员为主要对象，编写了工程施工安全必读系列丛书。

本丛书共包括以下几个分册：

- **《建筑工程》**
- **《安装工程》**
- **《公路工程》**

- 《市政工程》
- 《园林工程》
- 《装饰装修工程》
- 《铁路工程》

本丛书依据国家现行的工程安全生产法律法规和相关规范规程编写，总结了建筑施工企业的安全生产管理经验，此外本书集建筑施工安全管理技术、安全管理资料于一身，通过大量的图示、图表和翔实的文字，使本书图文并茂，具有实用性、科学性和指导性。本书完全按照新标准、新规范的要求编写，以利于施工现场管理人员随时学习及查阅。

本书对提高施工现场安全管理水平、人员素质，突出施工现场安全检查要点，完善安全保障体系，具有较强的指导意义。该书是一本内容实用、针对性强、使用方便的安全生产管理工具书。

编者

2012 年 3 月

目录

第一章　市政道路施工安全

第二章　下水道施工安全

第三章　桥梁施工安全

第四章　市政给水排水施工安全

第五章　市政供热和燃气管道工程施工

第一章 市政道路施工安全

怎样操作才能保障道路测量的安全？

(1)施工前，应根据工程特点和现场环境状况制订施工测量方案，采取相应的安全技术措施。

(2)现场测量作业应选择安全路线，避开河流、湖泊、沼泽、悬崖等危险区域，保证安全。

(3)现场作业跨越河流时，应设临时便桥。

(4)现场作业攀登高坎、高坡时，应设安全梯或土坡道。

(5)山区作业时，应遵守护林防火规定，严禁烟火，并应采取防止某些动、植物伤人的措施。

(6)测量钉桩前，应确认地下管线在钉桩过程中处于安全状况，方可作业。

(7)测量钉桩时，应疏导周围人员，扶桩人员应站位于锤击方向的侧面。

(8)需进入管道、沟及其检查井（室）内等作业，应遵守下列规定。

1)进入前，必须先打开拟进入和与其相邻检查井（室）的井盖（板）进行通风。

2)进入前，必须先检测井（室）内空气中氧气和有毒、有害气体浓度，确认其内空气质量合格并记录后，方可进入作业；如检测合格后未立即进入，当再进入前，应重新检测，确认合格，并记录。

3)作业过程中，必须对作业环境的空气质量进行动态监测，确认符合要求并记录。

4)作业时，操作人员应轮换作业。井、沟等出入口外必须设人监护，监护人员严禁擅自离开岗位。

(9)现场作业必须避离施工机械。需在施工机械附近作业时，施工机械应暂停运行。

(10)在道路、公路上作业应遵守下列规定。

1)作业前应经交通管理部门同意，并应避开交通高峰时间作业。

2)现场必须划定作业区，周围设安全标志，夜间和阴暗时必须加设警示灯。

3)作业点必须设人疏导交通。

4)作业人员应穿具有反光标志的安全背心。

5)需在道路(含步道)、公路(含路肩)设测量桩时，桩不得高于路面(含步道、路肩)。

6)作业后应立即拆除标志设施，恢复原况。

怎样操作才能保障路基施工排水的安全？

(1)路基土层中需排水时，施工前应根据工程地质、水文地质、附近建(构)筑物、地下现状管线等情况进行综合分析，确定排水方案。排水方案必须满足路基施工安全和路基附近建(构)筑物与现状地下管线的安全要求。

(2)施工范围内有地表水应及时排除，并遵守下列规定。

1)施工区水域周围应设护栏和安全标志。

2)进入水深超过 1.2 m 水域内作业时，必须选派熟悉水性的人员，并应采取防止发生溺水事故的措施。

3)泵体、管路应安装牢固。

(3)安装水泵时，电气接线、检查、拆除必须由电工进行。作业中必须保护缆线完好无损，发现缆线损坏、漏电征兆时，必须立即停机，并由电工处理。

(4)潜水泵运行时，其周围 30 m 水域内人、畜不得进入。

(5)施工中遇河流、沟渠、农田、池塘等，需筑围堰时应编制专项施工设计，并应遵守下列规定。

1)围堰顶面应比施工期间可能出现的最高水位高 70 cm。

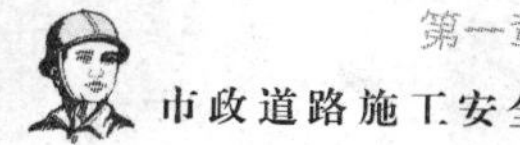

2)围堰断面应据水力状况确定,其强度、稳定性应满足最高水位、最大流速时的水力要求。

3)围堰外形应根据水深、水速和河床断面变化所引起水流对围堰、河床冲刷等因素确定。

4)围堰必须坚固、防水严密。堰内面积应满足作业安全和设置排水设施的要求。

5)筑堰应自上游开始至下游合龙。

6)在水深大于1.2 m水域筑围堰时,必须选派熟悉水性的人员,并采取防止发生溺水的措施。

(6)施工中,应经常检查、维护施工区域内的排水系统,确认畅通。

(7)采用明沟排水应遵守下列规定。

1)排水井应设置在低洼处。

2)设在排水沟侧面的排水井与排水沟的最小距离,应根据排水井深度与土质确定,其净距不得小于1 m,保持排水井和排水沟的边坡稳定。

3)排水沟土质透水性较强,且排水有可能回渗时,应对排水沟采取防渗漏措施。

4)水泵抽水时,排水井水深应符合水泵运行要求。

5)排除水应引至距离路基较远的地方,不得漫流。

怎样操作才能保障路基土方开挖施工的安全?

(1)施工前,应根据设计文件、工程地质、水文地质、附近建(构)筑物和地下管线与现场实际情况,在施工组织设计中规定路堑边坡、挖土方法、对附近建(构)筑物与现状管线的加固保护方案,确定施工机具并制订安全技术措施。

(2)挖土前,主管施工技术人员必须对作业人员进行安全技术交底。

(3)挖土前,应按施工组织设计规定对建(构)筑物、现状管线、排水设施实施迁移或加固。施工中,应对加固部位经常检查、维护,保持设施的安全运行。在施工范围内可不迁移的地下管线等设施，应坑探、标识，并采取保护措施。

(4)在天然湿度土质的地区开挖土方，当地下水位低于开挖基面 50 cm 以下，且开挖深度不超过下列规定时，可挖直槽(坡度为 1∶0.05)。

1)砂土和砂砾石：1.0 m。

2)粉质砂土和粉质黏土：1.2 m。

3)黏土：1.5 m。

(5)路堑边坡开挖应遵守设计文件的规定。当实际地质情况与原设计不符时，应及时向监理工程师、设计单位和建设单位提出变更设计要求，并办理手续。保持边坡稳定，施工安全。

(6)施工中遇路堑边坡为易塌方土壤不能保持稳定时，应及时向监理工程师、设计单位和建设单位提出变更设计要求，并办理手续。

(7)路堑挖掘应自上而下分层进行，严禁掏洞挖土。挖土作业中断和作业后，其开挖面应设稳定的坡度。

(8)机械挖掘时，必须避开建(构)筑物和管线，严禁碰撞。在距现状直埋缆线 2 m 范围内，必须人工开挖，严禁机械开挖，并应约请管理单位派人现场监护。在距各类管道 1 m 范围内，应人工开挖，不得机械开挖，并宜约请管理单位派人现场监护。

(9)用挖掘机械挖土应遵守下列规定。

1)挖土作业应设专人指挥。

2)机械行驶和作业场地应平整、坚实、无障碍物。

3)严禁挖掘机在电力架空线路下方挖土。

4)遇岩石需爆破时，现场所有人员、机械必须撤至安全地带，并采取安全保护措施，待爆破作业完成，解除警戒，确认安全后，方可继续开挖。

5)挖掘路堑边缘时，边坡不得留有伞沿和松动的大块石，发现有塌方征兆时，必须立即将挖掘机械撤至安全地带，并采取安全技术措施。

(10)推土机在陡坡或深路堑、沟槽区推土时，应有专人指挥，其垂直边坡高度不得大于 2 m。

(11)人工挖土应遵守下列规定。

1)作业现场附近有管线等构筑物时,应在开挖前掌握其位置,并在开挖中对其采取保护措施,使管线等构筑物处于安全状态。

2)路堑开挖深度大于2.5 m时,应分层开挖,每层的高度不得大于2.0 m,层间应留平台。平台宽度,对不设支护的槽与直槽间不得小于80 cm;设置井点时不得小于1.5 m;其他情况不得小于50 cm。

3)作业人员之间的距离,横向不得小于2 m,纵向不得小于3 m。

4)严禁掏洞和在路堑底部边缘休息。

(12)挖土中,遇文物、爆炸物、不明物和原设计图纸与管理单位未标注的地下管线、构筑物时,必须立即停止施工,保护现场,向上级报告,并和有关管理单位联系,研究处理措施,经妥善处理,确认安全并形成文件,方可恢复施工。

(13)施工中严禁在松动危石、有坍塌危险的边坡下方作业、休息和存放机具材料。

(14)在路堑清方中发现瞎炮、残药、雷管时,必须由爆破操作工及时处理,并确认安全。

(15)在路堑底部边坡附近设临时道路时,临时道路边线与边坡线的距离应依路堑边坡坡度、地质条件、路堑高度而定,且不宜小于2 m。

(16)挖除旧道路结构应遵守下列规定。

1)施工前,应根据旧道路结构和现场环境状况,确定挖除方法和选择适用的机具。

2)现场应划定作业区,设安全标志,非作业人员不得入内。

3)作业人员应避离运转中的机具。

4)使用液压振动锤时,严禁将锤对向人、设备和设施。

5)采用风钻时,空压机操作工应服从风钻操作工的指令。

6)挖除中,应采取措施保持作业区内道路上各现况管线及其检查井的完好。

怎样操作才能保障路基回填土施工的安全?

(1)填土前,应根据工程规模、填土宽度和深度、地下管线等构筑物与现场环境状况制订填土方案,确定现状建(构)筑物、管线的改移和加固方法、填土方法和程序,并选择适宜的土方整平和碾压机械设备,制定相应的安全技术措施。

(2)路基填土应在影响施工的现状建(构)筑物和管线处理完毕、路基范围内新建地下管线沟槽回填完毕后进行。

(3)填方前,应将原地表积水排干,淤泥、腐殖土、树根、杂物等挖除,并整平原地面。清除淤泥前应探明淤泥性质和深度,并采取相应的安全技术措施。

(4)路基下有管线时,管顶以上 50 cm 范围内不得用压路机碾压。

(5)填土路基为土边坡时,每侧填土宽度应大于设计宽度 50 cm。碾压高填土方时,应自路基边缘向中央进行,且与填土外侧距离不得小于 50 cm。

(6)路基外侧为挡土墙时,应先进行挡土墙施工。

(7)使用振动压路机碾压路基前,应对附近地上和地下建(构)筑物、管线可能造成的振动影响进行分析,确认安全。

(8)推土机向堑、槽内送土时,机身、铲刀与堑、槽边缘之间应保持安全距离。

(9)地下人行通道、涵洞和管道填土应遵守下列规定。

1)地下人行通道和涵洞的砌体砂浆强度达到 5 MPa、现浇混凝土强度达到设计规定,预制顶板安装后,方可填土。

2)管座混凝土、管道接口结构、井墙强度达到设计规定,方可填土。

3)通道、涵和管两侧填土应分层对称进行,其高差不得大于 30 cm。

4)通道、涵和管顶 50 cm 范围内不得使用压路机碾压。

(10)轻型桥台背后填土应遵守下列规定。

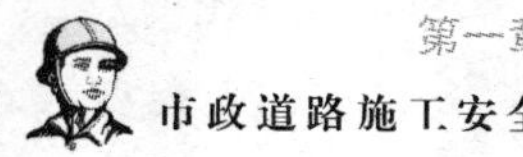

1)填土前,盖板和支撑梁必须安装完毕并达设计规定强度。

2)台身砌体砂浆或混凝土强度应达到设计规定,方可填土。

3)两侧台背填土应按技术规定分层对称进行,其高差不得大于30 cm。

(11)借土填筑路基时,取土场应符合下列规定。

1)取土场地宜选择在空旷、远离建(构)筑物、地势较高、不积水且不影响原有排水系统功能的地方。

2)取土场周围应设护栏。

3)挖土边坡应根据土质和挖土深度情况确定,边坡应稳定。

4)场地上有架空线时,应对线杆和拉线采取预留土台等防护措施。土台半径应依线杆(拉线)结构、埋入深度和土质而定:电杆不得小于1 m;拉线不得小于1.5 m,并应根据土质情况设土台边坡。土台周围应设安全标志。

5)需在建(构)筑物附近取土时,应对建(构)筑物采取安全技术措施,确认安全后方可取土。

怎样操作才能保障路基处理施工的安全?

(1)使用石灰处理路基时应遵守下列规定。

1)所用石灰宜为袋装磨细生石灰。

2)需消解的生石灰应堆放于远离居民区、庄稼和易燃物的空旷场地,周围应设护栏,不得堆放在道路上。

3)作业人员应按规定使用劳动保护用品。

4)装运散状石灰不宜在大风天气进行。

5)施工中应采取环保、文明施工措施。

(2)采用砂桩、石灰桩、碎石桩、旋喷桩等处理土路基时,应根据工程地质、水文地质、桩径、桩长和环境状况编制专项施工方案,采取相应的安全技术措施。

(3)强夯处理路基应遵守下列规定。

1)施工前,应查明施工范围内地下管线等构筑物的种类、位置和标高。在地下管线等构筑物上及其附近不得进行强夯施工。

2)施工前,应根据设计要求和工程地质情况编制施工方案,进行强夯试验,确定强夯等级、施工工艺和参数、效果检验方法,选择适用的强夯机械,采取相应的安全技术措施。

3)严禁机械在架空线路下方作业。

4)当强夯机械施工所产生的振动,对邻近地上建(构)筑物或设备、地下管线等地下设施产生有害影响时,应采取防振或隔振措施,并设置监测点进行观测,确认安全。

5)强夯施工应由主管施工技术人员主持,夯机作业必须由信号工指挥。

6)现场应划定作业区,非作业人员严禁入内。

7)夯机的作业场地必须平整,门架底座应与夯机着地部位保持水平,当下沉超过 10 cm 时,应重新垫高。

8)现场组拼、拆卸强夯机械应由专人指挥。

9)使用起重机起吊夯锤前,指挥人员必须检查现场,确认无人和机械等物,具备作业条件后,方可向起重机操作工发出起吊信号。

10)夯锤下落后,在吊钩尚未降至夯锤吊环附近前,操作人员不得提前下坑挂钩;从坑中提锤时,严禁挂钩人员站在锤上随锤提升。

11)夯锤自由下落至地面停稳,吊钩降至夯锤吊环附近后,指挥人员方可向测量、挂钩等人员发出进入作业点测量、挂钩等作业的信号。起重机操作工必须按指挥人员的信号操作,严禁擅自行动。

12)夯锤上升接近规定高度时,必须注视自动脱钩器,发现脱钩器失效时,必须立即制动,进行处理。

13)夯锤留有相应的通气孔在作业中出现堵塞时,应随时清理,且严禁在锤下清理。

14)夯坑内有积水或因黏土产生的锤底吸附力增大时,应采取措施排除,不得强行提锤。

15)现场进行效果检验作业时,应由专人指挥,按施工方案规定的程序进行,并执行相应的安全技术措施。

(4)路基处理完毕应进行检测、验收,确认合格,并形成文件,方可进行下一工序施工。

怎样操作才能保障基层材料拌和的安全?

(1)在城区、居民区、乡镇、村庄、机关、学校、企业、事业等单位及其附近施工,不得在现场拌和石灰土、水泥土、石灰粉、煤灰等类混合料。

(2)消解石灰,不得在浸水的同时边投料、边翻拌,人员应远避,以防烫伤。

(3)装卸、洒铺及翻动粉状材料时,操作人员应站在上风侧,轻拌轻翻减少粉尘。散装粉状材料宜使用粉料运输车运输,否则车厢上应采用篷布遮盖。装卸尽量避免在大风天气下进行。

(4)集中拌和基层材料应遵守下列规定。

1)拌和场应根据材料种类、规模、工艺要求和现场状况进行专项设计,合理布置。各机具设备之间应设安全通道。机具设备支架及其基础应进行受力验算,其强度、刚度、稳定性应满足机具运行的安全要求。

2)拌和场不得设在电力架空线路下方。

3)拌和场周围应设围挡,实行封闭管理。

4)拌和机应置于坚实的基础上,安装牢固,防护装置齐全有效。

5)拌和场地应采取降尘措施,空气中粉尘等有害物含量应符合国家现行规定。

6)拌和机运转时,严禁人员触摸传动机构。

7)拌和机具设备发生故障或检修时,必须关机、断电后方可进行,并必须固锁电源闸箱,设专人监护。

8)拌和场应按消防安全规定配备消防器材。

(5)现场需人工拌和石灰土、水泥土时应遵守下列规定。

1)作业中,应由作业组长统一指挥,作业人员应协调一致。

2)拌和作业应在较坚硬的场地上进行。

3)作业人员之间应保持 1 m 以上的安全距离。

4)摊铺、拌和石灰、水泥应轻拌、轻翻,严禁扬撒。

5)作业人员应站在上风向。

6)5级以上(含)风力不得施工。

(6)碎石机作业应符合下列要求。

1)进料要均匀,不得过大,严防金属块等混入。出料口上方应有挡板。

2)不得从上方向碎石机口内窥视。

3)若石料卡住进口,应用铁钩翻动,严禁用手搬动。

(7)稳定土拌和机作业应符合下列要求。

1)应根据不同的拌和材料,选用合适的拌和齿。

2)拌和作业时,应先将转子提起离开地面空转,然后再慢慢下降至拌和深度。

3)在拌和过程中,不能急转弯或原地转向,严禁使用倒挡进行拌和作业。遇到底层有障碍物时,应及时提起转子,进行检查处理。

4)拌和机在行走和作业过程中,必须采用低速挡,保持匀速。液压油的温度不得超过规定。

5)停车时应拉上制动,将转子置于地面。

(8)场拌稳定土机械作业应符合下列要求。

1)皮带运输机应尽量降低供料高度,以减轻物料冲击。在停机前必须将料卸尽。

2)拌和机仓壁振动器在作业中铁芯和衔铁不得碰撞,如发生碰撞应立即调整振动体的振幅和工作间隙。仓内不出料时,严禁使用振动器。

3)拌和结束后给料斗、贮料仓中不得有存料。

4)搅拌壁及叶浆的紧固状况应经常检查,如有松动应立即拧紧。

(9)碎石撒布机作业应符合下列要求。

1)自卸汽车与撒布机联合作业,应紧密配合,以防碰撞。

2)撒布碎石,车速要稳定,不应在撒布过程中换挡。严禁撒布机长途自行转移。

3)在工地作短距离转移,必须停止拨料辊及皮带运输机的传动,并注意道路状况以防碰坏机件。

4)作业时无关人员不得进入现场,以防碎石伤人。

5)石料的最大粒径不得超过说明书中的规定。

(10)洒水车作业应符合下列要求。

1)洒水车在公路上抽水时,不得妨碍交通。

2)在有水草和杂物的水道中抽水,吸水管端应加设过滤网罩。

3)洒水车在上下坡及弯道运行中,不得高速行驶,并避免紧急制动。

4)洒水车驾驶室外不得载人。

怎样操作才能保障基层摊铺和碾压施工的安全?

(1)施工现场卸料应由专人指挥。卸料时,作业人员应位于安全地区。

(2)基层施工中,各种现状地下管线的检查井(室)应随各结构层相应升高或降低,严禁掩埋。

(3)人工摊铺基层材料应遵守下列规定。

1)摊铺材料应由作业组长统一指挥,协调摊铺人员和运料车辆与碾压机械操作工的相互配合关系;作业人员应相互协调,保持安全作业。

2)作业人员之间应保持 1 m 以上的安全距离。

3)摊铺时不得扬撒。

(4)机械摊铺与碾压基层结构应遵守下列规定。

1)作业中,应设专人指挥机械,协调各机械操作工、筑路工之间的相互配合关系,保持安全作业。

2)作业中,机械指挥人员应随时观察作业环境,使机械避开人员和障碍物,当人员妨碍机械作业时,必须及时疏导人员离开并撤至安全地方。

3)机械运转时,严禁人员上下机械,严禁人员触摸机械的传动机构。

4)作业后,机械应停放在平坦、坚实的场地,不得停置于临边、低洼、坡度较大处。停放后必须熄火、制动。

怎样操作才能保障水泥混凝土拌和及运送的安全?

(1)需设作业平台时,平台结构应经计算确定,满足施工安全要求,支搭必须牢固。使用前应验收,确认合格,并形成文件。使用中应随时检查，确认安全。

(2)搅拌站设置的各种电气设备必须由电工引接、拆卸。作业中发现漏电征兆、缆线破损等必须立即停机、断电，由电工处理。

(3)搬运袋装水泥必须自上而下顺序取运。堆放时，垫板应平稳、牢固；按层码垛整齐，高度不得超过10袋。

(4)手推车运输应平稳推行，空车让重车，不得抢道。

(5)手推车向搅拌机料斗内倾倒砂石料时，应设挡掩，严禁撒把倒料。

(6)作业人员向搅拌机料斗内倾倒水泥时，脚不得蹬踩料斗。

(7)机械运转过程中，机械操作工应精神集中，不得离岗；机械发生故障必须立即停机、断电。

(8)固定式搅拌机的料斗在轨道上移动提升(降落)时，严禁其下方有人。料斗悬空放置时，必须锁固。

(9)搅拌机运转中不得将手或木棒、工具等伸进搅拌筒或在筒口清理混凝土。

(10)需进入搅拌筒内作业时，必须先关机、断电、固锁电源闸箱，设安全标志，并在搅拌筒外设专人监护，严禁离开岗位。

(11)落地材料、积水应及时清扫，保持现场环境整洁。

(12)搅拌场地内的检查井应设专人管理，井盖必须盖牢。

(13)现场支搭集中式混凝土搅拌站时，应根据工程规模、现场环境等状况对搅拌平台、储料仓等设施和搅拌设备，进行专项设计并实施。搅拌平台、储料仓等设施支搭完成后，应经验收，确认合格并形成文件，方可投入使用。搅拌设备应由专业人员按施工设计和机械设备使用说明书的规定进行安装。安装完成后，并应在施工技术人员主持下，组织调试、检查，确认各项技术性能指标全部符合规定，并经验收合格，形成文件后，方可使用。混凝土拌和中，严禁人员进入贮料区和卸料斗下方。

(14)运输机具应完好，防护装置应齐全有效。使用前应检查、试运行，确认合格，方可使用。

(15)混凝土运输道路应平整、坚实，路宽和道路上的架空线净高应满足运输安全的要求。

(16)手推车或小型翻斗车装运混凝土，车辆之间应保持一定的安全距离。

(17)自卸汽车运送混凝土拌和物,不得超载和超速行驶。车停稳后方准顶升车厢卸料。车厢尚未放下时,操作人员不得上车清除残料。

(18)作业后应对运输车辆进行清洗,清除砂土和混凝土等黏结在料斗和车架上的脏物;污物应妥善处理,不得随意排放。

怎样操作才能保障水泥混凝土摊铺的安全?

(1)人工摊铺应符合下列要求。

1)装卸钢模时,必须逐片轻抬轻放,不得随意抛掷。

2)使用混凝土振动器应遵守下列规定。

①操作人员必须经过用电安全技术培训。作业时必须戴绝缘手套、穿绝缘胶鞋。

②电动机电源上必须安装漏电保护装置,接地或接零装置必须安全可靠,使用前应检查,确认合格。

③使用前应检查各部件,确认完好、连接牢固、旋转方向正确。

④作业中应随时检查振动器及其接线,发现漏电征兆、缆线破损等必须立即停机、断电,并由电工处理。

⑤移动振动器时,不得用缆线牵引;移动缆线受阻时,不得强拉。

3)拆下的木模应及时起钉,堆放整齐。

(2)机械摊铺应符合下列要求。

1)轨模式水泥混凝土摊铺机摊铺时,应遵守下列规定。

①布料机与振平机之间应保持5~8 m的安全距离。

②布料机传动钢丝的松紧要适度。

③作业中严禁驾驶员擅自离开驾驶台。

2)滑模式水泥混凝土摊铺机摊铺时,应遵守下列规定。

①停机处应平坦、坚实,并用支垫牢固的木块垫起机体。履带垫离地面后方可进行调整、安装工作。

②调整机器高度时,工作踏板及扶梯等处不得站人。作业期间

严禁碰撞引导线。

③摊铺机应避免紧急转向，防止与预置钢筋、路机缘石等碰撞。

④摊铺机不得牵引其他机械。其他机械牵引摊铺机时应用刚性拖杆。

⑤摊铺机停放在通车道路上时，周围必须设置明显的安全标志。夜间应以红灯示警，其能见度不得小于 150 m。

3)真空吸水作业时，严禁操作人员在吸垫上行走或将物件置压在吸垫上。

4)使用水泥混凝土抹平机时，应确保抹平机的叶片光洁平整，并处于同一水平面，其连接螺栓应紧固不松动，并在无负荷状态下启动。电缆要有专人收放，确保不打结，不砸压，如发现有异常现象应立即停机检查。

怎样操作才能保障水泥混凝土路面养护的安全？

(1)现场预留的雨水口、检查井口等孔洞必须盖牢，并设安全标志。

(2)养护用覆盖材料应具有阻燃性，使用完毕应及时清理，运至规定地点。

(3)作业中，养护和测温人员应选择安全行走路线。需设便桥时，必须支搭牢固。夜间照明应充足。

(4)水养护时应符合下列要求。

1)现场应设养护用水配水管线，其敷设不得影响车辆、人员和施工安全。

2)用水应适量，不得造成施工场地积水。

3)拉移输水胶管应顺直，不得扭结，不得倒退行走。

(5)薄膜养护应符合下列要求。

1)养护膜应使用对人体无损伤、对环境无污染的合格材料。

2)贮运、调配材料应符合材料使用说明书的规定。

3)操作人员必须按规定使用劳动保护用品。

4)作业时，施工人员必须站在上风向。

5)喷洒时,严禁喷嘴对向人。

6)作业现场严禁明火。

(6)使用电热毯养护应符合下列要求。

1)现场应划定作业区,周围设护栏和安全标志,非作业人员和车辆不得入内。

2)电热毯应在专用库房集中存放,专人管理。使用前应检验,确认完好,无漏电,并作好记录。

3)电热毯上下不得有坚硬、锋利物,上面不得承压重物,不得用金属丝捆绑,严禁折叠。

4)养护完毕必须及时断电、拆除,并集中到库房存放。

怎样操作才能保障热拌沥青混合料面层施工的安全?

(1)混合料拌和。

1)热拌沥青混合料宜由沥青混合料生产企业集中拌制。

2)在城区、居民区、乡镇、村庄、机关、学校、企业、事业等单位及其附近不得设沥青混合料拌和站。

3)需在现场设置集中式沥青混合料拌和站时,支搭拌和站应符合规定。拌和站支搭完成,应经验收,确认合格并形成文件,方可投入使用。

(2)透层油与黏层油。

1)在道路上洒布透层油、黏层油应使用专用洒布机作业。

2)施工区域应设专人值守,非施工人员严禁入内。

3)洒布机作业必须由专人指挥。作业前,指挥人员应检查现场作业路段,检查确认井盖盖牢、人员和其他施工机械撤出作业路段后,方可向洒布机操作工发出作业指令。

4)沥青洒布前应进行试喷,确认合格。试喷时,油嘴前方 3 m 内不得有人。沥青喷洒前,必须对检查井、闸井、雨水口采取覆盖等安全防护措施。

5)沥青洒布时,施工人员应位于沥青洒布机的上风向,并宜距喷洒边缘 2 m 以外。6 级(含)以上风力时,不得进行沥青洒布作业。

6)透层油喷洒后应及时撒布石屑。

7)现场使用沥青宜是由有资质的生产企业配制的合格产品。需现场熬制时,应编制专项安全技术措施,并经主管部门批准。

8)凡患有结膜炎、皮肤病和对沥青过敏反应者不宜从事沥青作业。

9)块状沥青搬运宜在夜间和阴天,并应避开炎热时段;搬运时宜采用小型机械装卸,不宜直接用手装运。

(3)混合料摊铺。

1)沥青混合料摊铺过程中,应由作业组长统一指挥,协调作业人员、机械、车辆之间的相互配合关系。各种作业机械、车辆应按规定路线行驶,有序作业。

2)沥青混合料运输车辆在现场路段上行驶、卸车时,必须由专人指挥。指挥人员应随时检查车辆周围情况,确认安全后,方可向车辆操作工发出行驶、卸料指令。

3)粘在车槽上的混合料应在车下使用长柄工具清除。不得在车槽顶升时,上车清除。

4)特殊情况下,由于条件限制,现场需使用加热的火箱时应遵守下列规定。

①用火前必须申报,经现场消防管理人员检查、验收,确认消防措施落实并签发用火证后,方可用火。

②严禁火箱设置在架空线路下方。

③火箱应远离易燃、易爆物品 10 m 以上;与施工用柴油桶距离不得小于 5 m。

④火箱应设专人管理,作业结束必须及时熄火。

5)人工摊铺应遵守下列规定。

①铁锨铲运混合料时,作业人员应按顺序行走,铁锨必须避开他人,并不得扬锨摊铺。

②手推车、机动翻斗车运料时,不得远扔装车。

③摊铺作业在酷热时段应采取防暑措施。

6)机械摊铺应遵守下列规定。

①摊铺路段的上方有架空线路时,其净空应满足摊铺机和运输

车卸料的要求;遇电力架空线路应符合规定。

②沥青混合料运输车向摊铺机倒车靠近过程中,车辆和机械之间严禁有人。

③沥青混凝土摊铺机运行中,现场人员不得攀登机械,严禁触摸机械的传动机构。

④沥青混凝土摊铺机作业,应由专人指挥。机械行驶前,指挥人员应检查周围环境,确认前后方无人和障碍后,方可向机械操作工发出行驶信号;机械行驶前应鸣笛示警。

⑤摊铺机运行中,禁止对机械进行维护、保养工作。

⑥清洗摊铺机的料斗螺旋输送器必须使用工具。清洗时必须停机,严禁烟火。

(4)混合料碾压。

1)沥青混合料碾压过程中,应由作业组长统一指挥,协调作业人员、机械、车辆之间的相互配合关系,保证安全作业。

2)作业中必须设专人指挥压路机。指挥人员应与压路机操作工密切配合,根据现场环境状况及时向机械操作工发出正确信号,并及时疏导周围人员。

3)两台以上压路机作业时,前后间距不得小于 3 m,左右间距不得小于 1 m。

4)压路机运行时,现场人员不得攀登机械,严禁触摸机械的传动机构。

5)施工现场应根据压路机的行驶速度,确定机械运行前方的危险区域。在危险区域内不得有人。

怎样操作才能保障道路附属构筑物施工的安全?

(1)施工组织设计中,应根据工程地质、水文地质、结构特点和现场环境状况,规定施工方法、程序、现状管线的保护措施、使用的施工机具和安全技术措施,并在施工中实施。

(2)道路附属构筑物应按道路施工总体部署,由下至上随道路结构层的施工相应的分段、分步完成,严禁在道路施工中掩埋地下管道检查井。

(3)各种管线的井(室)盖不得盖错，井盖(箅)必须能承受道路上的交通荷载。

(4)道路范围内的各类检查井(室)应设置水泥混凝土井圈。

(5)作业区内不宜码放过多构件，应随安装随适量搬运，并码放整齐。

(6)进入沟槽前必须检查槽壁的稳定状况，确认安全。

(7)运输路缘石、隔离墩、方砖、混凝土管等构件时，应先检查其质量，有断裂危及人身安全者不得搬运。

(8)雨水支管采用360°混凝土全包封时，混凝土强度达75%前，不得开放交通，需通行时，应采取保护措施。

(9)倒虹吸管两端的检查井在施工中和完成后，必须及时盖牢或设围挡。

(10)升降检查井、砌筑雨水口时，应遵守下列规定。

1)施工前，应在检查井周围设置安全标志，非作业人员不得入内。

2)砌筑作业应集中、快速完成。

3)升降现况的电力、信息管道等检查井时，应在管理单位人员现场监护下作业，并对井内设施采取保护措施。

4)下井作业前，必须先打开拟进和相邻井的井盖通风，经检测，确认井内空气中氧气和有毒、有害气体浓度符合规定，并记录后方可进入作业。经检测确认其内空气质量合格后，应立即进入作业；如未立即进入，当再进入前，必须重新检测，确认合格，并记录。作业过程中，对其内空气质量必须进行动态监测，确认符合要求，并记录。操作人员应轮换作业，井外应设专人监护。

5)检查井(室)、雨水口完成后，井(室)盖(箅)必须立即安牢，完成回填土，清理现场；下班前未完时，必须设围挡或护栏和安全标志。

6)需在井内支设作业平台时，必须支搭牢固，临边必须设防护栏杆。

(11)路缘石、隔离墩安装、方砖铺砌应遵守下列规定。

1)路缘石、隔离墩、大方砖等构件质量超过25 kg时，应使用专用工具，由两人或多人抬运，动作应协调一致。

2)步行道方砖应平整、坚实、有粗糙度，铺砌平整、稳固。

3)构件就位时，不得将手置于构件的接缝间。

4)调整构件高程时，应相互呼应，并采取防止砸伤手脚的措施。

5)切断构件宜采用机械方法，使用混凝土切割机进行。

6)人工切断构件时，应精神集中，稳拿工具，用力适度。构件断开时，应采取承托措施，严禁直接落下。

(12)沟槽作业时，必须设安全梯或土坡道、斜道等设施。

怎样操作才能保障喷锚支护施工的安全？

(1)边坡喷锚支护应依据设计规定自上而下分段、分层进行。

(2)支护作业应由作业组长指挥。采用空气压缩机时，其操作工应听从钻孔、注浆操作工的指令；机具发生障碍，必须停机、断电、卸压后方可处理。

(3)在Ⅳ、Ⅴ级岩石中进行喷锚支护施工时，应符合下列规定。

1)喷锚支护必须紧跟开挖面。

2)应先喷后锚，喷射混凝土厚度不得小于 5 cm。

3)作业中应设专人随时观察围岩变化情况，确认安全。

4)锚杆施工应在喷射混凝土终凝 3 h 后进行。

(4)上层支护后，应待混凝土强度达到设计规定，方可开挖下层土方。有爆破作业时，喷射混凝土终凝距下次爆破间隔时间不得小于 3 h。

(5)安设钢筋(或型钢)骨架与挂网应符合下列规定。

1)安骨架前应清理作业面松土和危石，确认土壁稳定。

2)安骨架应与挖掘土方紧密结合，挖完一层土方后应及时安装骨架，每层骨架应及时形成闭合框架。

3)挂网应及时，并与骨架连接牢固。

(6)喷射混凝土应采用混凝土喷射机，并符合下列要求。

1)喷射机手必须经安全技术培训，经考核合格方可上岗。

2)作业时，操作人员应按规定使用防护用品，禁止裸露身体作业。

3)喷射手和机械操作工应有联系信号，送风、加料、停料、停风和发生堵塞时，应及时联系，密切配合。

4)作业中暂停时间超过 1 h 和作业后，必须将仓内和输料管内的干混合料全部喷出。

5)喷嘴前方严禁站人，喷嘴不得对向人和设备。

6)作业后应卸下喷嘴清理干净，并将喷射机外黏附的混凝土清除干净。

(7)用空气压缩机配合作业应符合下列要求。

1)空压机作业环境应保持清洁和干燥。贮气罐必须放在通风良好处，半径 15 m 以内不得进行焊接和热加工作业。

2)作业中贮气罐内最大压力不得超过铭牌规定，安全阀应灵敏有效。进、排气阀，轴承和各部件应无异响或过热现象。

3)开启送气阀前应检查输气管道及其接口，确认畅通、无漏气，并通知有关人员后方可送气。出气口前不得有人。

4)运转中发现排气压力突然升高，排气阀、安全阀失效，机械有异响或电动机电刷发生强烈火花时，应立即停机检查，排除故障后方可继续作业。

(8)锚杆施工应符合下列要求。

1)锚杆类型、间距、长度、排列方式和锚杆张拉时张拉程序、控制应力应符合设计的规定。

2)搬运、安装锚杆时，不得碰撞人、设备。

3)锚杆应随喷射混凝土的完成，且达到规定强度后，方可自上而下分层施工。

4)钻孔和注浆前，应检查喷层表面，确认无异常裂缝；作业中应设专人监护支护稳定状况，发现异常必须立即停止作业，将人员撤至安全地带，待采取安全技术措施，确认支护稳定后，方可继续作业。

5)锚杆注浆应连续作业，浆液应饱满，浆液配比应符合设计或施工设计的规定。

6)锚杆进行拉拔试验、张拉时，应按规定程序进行，张拉前方严禁有人。

7)锚杆锁定 48 h 内,发现有明显应力松弛应补张拉。

8)孔内灌浆达到设计规定强度后,方可放张。

(9)采用水平钻机钻孔时应符合下列要求。

1)钻机应安设稳固,小型钻机需辅助后背时,应与后背支撑牢固。

2)钻孔时,严禁人员触摸钻杆,人员应避离钻机后方和下方。

3)钻机采用轨道移位时,轨道应安装稳固、水平、顺直,两轨高差、轨距应符合说明书规定,钻机定位后应锁紧止轮器。

4)钻孔时应连续作业直至达到设计要求。

5)采用高压射水辅助钻孔时,排出的泥水、残渣应及时清理,妥善处置,不得漫流。

6)采用套管成孔,用顶推方法拔套管时,必须有牢固的后背;用倒链牵引方法拔套管时,必须有牢固的锚固点。后背与锚固结构应经受力验算,确保安全。

(10)注浆作业应符合下列要求。

1)注浆的材料、配比和控制压力等,必须根据土质情况、施工工艺、设计要求,通过试验确定。浆液材料应符合环境保护要求。

2)注浆机械操作工和浆液配制人员,必须经安全技术培训;考核合格方可上岗。

3)作业和试验人员应按规定使用安全防护用品,严禁裸露身体作业。

4)注浆初始压力不得大于 0.1 MPa。注浆应分级、逐步升压至控制压力。填充注浆压力宜控制在 0.1～0.3 MPa。

5)作业中注浆罐内应保持一定数量的浆液,防止放空后浆液喷出伤人。

6)作业中遗洒的浆液和刷洗机具、器皿的废液,应及时清理,妥善处置。

7)浆液原材料中有强酸、强碱等时,必须储存在专用库房内,设专人管理;建立领发料制度,且余料必须及时退回。

(11)使用灰浆泵应符合下列要求。

1)作业前应检查并确认球阀完好,泵内无干硬灰浆等物,各连接件紧固牢靠,安全阀已调到预定安全压力。

2)故障停机时,应先打开泄浆阀使压力下降,再排除故障。灰浆泵压力未达到零时,不得拆卸空气室、安全阀和管道。

3)作业后应将输送管道中的灰浆全部泵出,并将泵和输送管道清洗干净。

(12)作业中,坡面出现坍塌征兆时,必须立即停止作业,待采取安全技术措施,确认安全后,方可恢复作业。

(13)喷锚支护施工中应采取减少粉尘浓度的措施。

怎样才能保障地下人行通道中土方开挖的安全操作?

(1)基槽土方施工前,应根据设计文件,检查、核对地上与地下各类管线和构筑物情况,并按施工组织设计规定采取加固和保护措施,确认安全。

(2)挡土墙后背回填土,应在预制挡墙安装完成、固定牢固或现浇挡土墙混凝土强度达到设计规定,方可进行。

(3)汽车卸土和摊铺、碾压机械作业时,应设专人统一指挥,有序进行。指挥人员应与机械、汽车操作工密切配合,根据现场环境状况及时向机械、汽车操作工发出正确信号,并疏导机械、汽车和周围人员。

怎样才能保障地下人行通道中模板加工与安装的安全?

(1)施工前,应对地下人行通道和挡土墙模板进行施工设计。模板及其支架的强度、刚度和稳定性应满足各施工阶段荷载的要求,能承受浇筑混凝土的冲击力、混凝土的侧压力和施工中产生的各项荷载。

(2)模板与支架宜采用标准件,需加工时,宜由有资质的企业集中生产,并具有合格证。

(3)模板、支架必须置于坚实的基础上。

(4)模板、支架不得使用腐朽、锈蚀、扭裂等劣质材料。模板、支撑连接应牢固,支撑杆件不得撑在不稳定物体上。

(5)现场加工模板及其附件等应按规格码放整齐;废料、余料应及时清理,集中堆放,妥善处置。

(6)支设、组装较大模板时,操作人员必须站位安全,且相互呼应;支撑系统安装完成前,必须采取临时支撑措施,保持稳定。

(7)吊运组装模板时,吊点应合理布置,吊点构造应经计算确定;起吊时,吊装模板下方严禁有人。

(8)槽内使用砖砌体做侧模应遵守下列规定。

1)施工前,应根据槽深、土质、现场环境状况等对侧模进行验算,其强度、稳定性应满足各施工阶段荷载的要求。

2)砌体未达到施工设计规定强度,侧模不得承受外力,作业人员不得进入槽内。

(9)模板拆除应遵守下列规定。

1)模板拆除应待混凝土强度达设计规定后,方可进行。

2)预拼装组合模板宜整体拆除。拆除时,应按规定方法和程序进行,不得随意撬、砸、摔和大面积拆落。

3)使用起重机吊装模板应由信号工指挥。吊装前,指挥人员应检查吊点、吊索具和环境状况,确认安全,方可正式起吊;吊装时,吊臂回转范围内严禁有人;吊运模板未放稳定时,不得摘钩。

4)暂停拆除模板时,必须将已活动的模板、拉杆、支撑等固定牢固,严禁留有松动或悬挂的模板、杆件。

5)拆除的模板和支撑应分类码放整齐,带钉木杆件应及时拔钉,尽快清出现场。

怎样才能保障地下人行通道中钢筋加工与安装的安全?

(1)钢筋加工。

1)现场需设钢筋场时,场地应平整、无障碍物;钢筋原材料、半成品等应按规格、型号码放整齐;余料等应集中堆放,妥善处置。

2)应按设计规定的材质、型号、规格配料制作。

3)钢筋原材料、半成品等应按规格、品种分类码放整齐。

4)钢筋加工所使用的各种机械、设备,应由专人负责使用管理。

(2)钢筋运输。

1)人工搬运钢筋应遵守下列规定。

①作业人员应相互呼应,动作协调。

②搬运过程中,应随时观察周围环境和架空物状况,确认环境安全。

③作业中应按指定地点卸料、堆放,码放整齐,不得乱扔、乱堆放。

④上下传递钢筋时,作业人员必须精神集中、站位安全,上下方人员不得站在同一竖直位置上。

⑤需在作业平台上码放钢筋时,必须依据平台的承重能力分散码放,不得超载。

2)使用起重机吊运较长材料和骨架时,必须使用专用吊具捆绑牢固,并应采取控制摇摆的措施。严禁超载吊运。

3)使用车辆运输钢筋,钢筋必须捆绑、打摽牢固。现场应设专人指挥。指挥人员必须站位于车辆侧面安全处。

(3)钢筋绑扎。

1)绑扎墙体竖向钢筋时,应采取临时支撑措施,确认稳固后方可作业。

2)绑扎横向钢筋时,应先固定两端,定位后方可全面绑扎。

3)绑扎钢筋的绑丝头应弯向钢筋骨架内侧。

4)作业后应检查并确认钢筋绑扎牢固、骨架稳定后,方可离开现场。

(4)钢筋焊接。

1)焊工必须经专业培训,持证上岗。

2)施焊作业应符合现行《钢筋焊接及验收规范》(JGJ 18—2003)、《焊接与切割安全》(GB 9448—1999)等的有关规定。

3)施焊前必须履行用火申报手续,经消防管理人员检查,确认消防措施落实并签发用火证。作业中应随时检查周围环境,确认安全。

4)焊接前应按规定进行焊接性能试验,确认合格,并形成文件。

5)作业人员应按规定穿戴防护镜、工作服、绝缘手套、绝缘鞋等劳动保护用品。

6)焊接作业现场周围 10 m 范围内不得堆放易燃、易爆物品;不能满足要求时,必须采取安全防护措施。

7)接地线、焊把线不得搭在电弧、炽热焊件附近和锋利的物体上。

8)施焊作业时,配合焊接的作业人员必须背向焊接处,并采取防止火花烫伤的措施。

9)作业后,必须关机、切断电源、固锁电闸箱、清理场地、灭绝火种,待消除焊料余热后,方可离开现场。

怎样才能保障地下人行通道中现浇混凝土施工的安全?

(1)高处作业时支搭的脚手架、作业平台应牢固。支搭完成后应进行检查、验收,确认合格,并形成文件后,方可使用。

(2)施工前,使用压缩空气等清除模板内杂物时,作业人员应按规定佩戴劳动保护用品,严禁喷嘴对向人。空压机操作工应经安全技术培训,考核合格。

(3)混凝土浇筑应遵守下列规定。

1)施工中,应根据施工组织设计规定的浇筑程序、分层连续浇筑。

2)混凝土运输车辆进入现场后,应设专人指挥。车辆应行驶于安全路线,停置于安全处。

3)自卸汽车、机动翻斗车运输、卸料时,应设专人指挥。指挥人员应站位于车辆侧面安全处,卸料前应检查周围环境状况,确认安全后,方可向车辆操作工发出卸料指令。卸料时,车辆应挡掩牢固,卸料下方严禁有人。

4)采用混凝土泵车输送混凝土时,严禁泵车在电力架空线路下方作业。

5)严禁操作人员站在模板或支撑上进行混凝土浇筑作业。

6)混凝土振动设备应完好;防护装置应齐全有效;电气接线、拆卸必须由电工负责。使用前应检查,确认安全。作业中应保护缆线、随时检查,发现漏电征兆、电缆破损等必须立即停止作业,由电工处理。

7)从高处向模板仓内浇筑混凝土时,应使用溜槽或串筒。溜槽、串筒应坚固,串筒应连接牢固。严禁攀登溜槽或串筒作业。

8)施工中,应配备模板操作工和架子操作工值守。模板、支撑、作业平台发生位移、变形、沉陷等倒塌征兆时,必须立即停止浇筑,施工人员撤出该作业区,经整修、加固,确认安全,方可恢复作业。

9)使用振动器的作业人员必须穿绝缘鞋、戴绝缘手套。

(4)混凝土浇筑完成,应按施工组织设计规定的方法养护。覆盖养护应使用阻燃性材料,用后应及时清理,集中放至指定地点。

(5)地下人行通道盖板达到设计规定强度后,方可拆除模板。

怎样才能保障地下人行通道中砌体施工的安全?

(1)距沟槽边 1 m 内,不得堆放和推运砖、砌块、块石、砂浆等材料。

(2)墙高大于 1.2 m 时,必须支搭作业平台。作业平台上放砖不得超过 3 层,块石应随砌随供;两根排木间不得放 2 个灰槽,且总质量不得超过作业平台施工设计的承载力。

(3)在作业平台上砌筑时,使用的工具、灰槽等应放在便于取用和稳妥处;作业中,应随时将墙和作业平台上的碎砖、碎砌块、碎石、硬结灰浆块等清理干净,工具放稳妥;作业平台下方不得有人。

(4)挡土墙的泄水通道结构和泄水孔位置应符合设计规定。

(5)相邻段基础深度不一致时,应先砌筑深段,再砌筑浅段。

(6)砌筑中,不得在砌体上用大锤锤凿和砸碎石块。

(7)搬运和砌筑砖、石块、预制块时,作业人员应精神集中,并应采取防止砸伤手脚和坠落砸伤他人的措施。

怎样才能保障改、扩建工程交通疏导的安全？

(1)改、扩建工程施工宜采取封闭现况道路交通的方法进行施工。边通车、边施工路段应采取交通分流、限行、限速措施。需修筑临时道路时，施工前应根据交通疏导方案、道路交通管理部门的要求和现场环境状况对临时道路进行施工设计，经道路交通管理部门批准后实施。

(2)临时道路应坚实、平整、粗糙、不积水，满足交通、消防、安全、防汛、环境保护的要求。临时道路上应按道路交通管理部门的要求设交通标志、标线和充足的照明设施。临时道路修建完成，应经道路交通管理部门验收合格并形成文件后，方可使用。

(3)临时道路使用前，应根据交通量、现场环境状况与道路交通管理部门研究确定机动车行驶速度，并于临时道路进口、明显处设限速标志。

(4)临时道路验收合格、开放交通后，方可设施工区域围挡。施工区域与临时道路之间必须设围挡和警示灯。施工路段两端必须设围挡、警示灯，并设专人值守。快速路、高速路，还应在围挡外500 m、1 000 m道(公)路侧面，设交通标志、警示灯，一般道路、公路还应在围挡外200 m道(公)路侧面，设交通标志、警示灯。

(5)施工中，施工现场应建立交通疏导组织、制定管理制度、明确人员职责，施工管理方应与道路交通管理部门密切配合，经常分析交通安全状况，随时消除隐患。施工中应设专人对临时道路进行维护管理，采取防扬尘措施，保持路况、交通标志(线)良好，照明充足，道路畅通。

(6)施工中，施工现场应设专人对围挡、安全标志、警示灯进行管理，随时检查，确认完好，一旦损坏必须立即修整、更换，保持良好。

(7)改、扩建工程中，需挖除现况全部旧路进行重建的路段，边通车、边施工时，应遵守下列规定。

1)施工前，应根据交通疏导方案和现场环境状况，与道路交通

管理部门协商研究，对临时道路交通采取限行措施，并确定临时道路的宽度、平曲线半径和施工过程中的分次导改方案，经道路交通管理部门批准后实施。

2)利用辅路、步道作临时道路时，应结合设计文件综合考虑，尽量利用临时道路于工程中。实施中应根据交通荷载、交通量确定道路结构，并了解、分析现况地下管线状况，确认安全。在交通荷载作用下可能损坏现况地下管线等构筑物时，必须对其进行加固或迁移。

(8)一侧或两侧拓宽的工程施工应遵守下列规定。

1)原况道路应先保留，维持交通。施工中，在原况道路上运送施工材料时，应满足正常交通的道路宽度要求，并在作业区与正常交通通行区之间设围挡、安全标志、警示灯。

2)分次导改交通时，临时道路的宽度、平曲线半径应根据交通量、车速和道路交通管理部门的要求确定。

(9)由于条件限制，施工现场采取单车道维持交通的施工路段，当路段不长，交通量不大时，宜在该路段的适当地点设置车辆会车处；当路段较长、交通量较大时，应采取限制交通措施，设专人并配备通信器材，疏导交通。

(10)施工过程中，由于现场条件限制，需要占用临时道路施工时，必须在施工前与道路交通管理部门协商研究，经批准后方可施工，且施工时间应选择在深夜交通量小时进行。施工时，现场必须设围挡、安全标志、警示灯，并设专人疏导交通。施工完成后，必须撤除围挡、安全标志、警示灯，恢复原况。

(11)在居民区或公共场所附近施工，需断绝原通行道时，必须根据交通量和现场环境状况设临时通行道路、便桥，满足居民出行要求。道路应平整、坚实、不积水、照明充足。施工中，应对通行道路采取防扬尘措施。

(12)施工路段完成后，开放正常交通前必须按道路交通管理部门的规定，设交通标志和标线、照明，并经道路交通管理部门验收合格，形成文件。

(13)正式道路具备通车条件后，应与建设单位协商确定其相应的临时道路处理方案。需保留者，应经建设单位移交管理单位，并办理移交手续。需废弃者，应按工程合同规定办理。

第二章 下水道施工安全

怎样才能保障下水道沟槽开挖与支撑的安全？

(1)在地下埋有电缆、自来水管及煤气管等公用管线的地区，挖掘基坑或沟槽必须开挖样沿或样槽，深度不得少于 1 m。若样洞深度已达 1 m 还未发现管线，必须与有关单位及时联系，探明情况后才能动工。

(2)开挖前，应对地质、水文和地下管线做好必要的调查和勘察工作，并针对不同的具体情况拟定安全技术措施。凡 5 m 以上深度的沟槽施工，必须编制专项的安全技术方案，并报送市政工程安全监督站备案；超过 7 m 深的沟槽施工，编制专项安全技术方案，并通过专家评审，报安监站备案。施工中应严格按专项安全技术方案实施。

(3)施工时，发现事先没有掌握的地下管线应立即停止工作，并报告施工负责人，联系有关单位派人处理后方可继续施工。如发现辨别不清的物品，应立即报告上级主管部门和有关部门处理，不得任意敲击和玩弄。开挖沟槽，如要拆除、搬移测量导线木桩、水准基点等标志时，应经测绘单位处理后方能进行。搬移树木应与园林局绿化部门联系。

(4)工程所需管材、砖、砂等均应堆放整齐，距沟边 2 m 以外；土质较好，现场狭窄时，堆放位置至少应距沟槽边 0.8 m 以上，以免造成沟槽塌方。

(5)沟槽两侧和交通道口应设置隔离栏和明显的安全标志，晚间还应架设红灯示警。

(6)沟槽距房屋或电杆等较近时，应预先对其进行加固以免发生倒塌事故。

(7)人工面对面翻挖,施工人员必须保持 3 m 的间距。

(8)开挖沟槽,在接近原有旧沟管或靠近地下煤气管线时,工作人员不准吸烟、动用明火。

(9)各种管线在未固定时,不得在管线下挖土,以防管线下沉折断压伤。

(10)人工挖土深度超过 1.2 m,机械挖土深度超过 2 m 时必须开始撑板,如土质松软应及时撑板,出现裂缝等现象要注意加撑板,防止坍方。撑板撑柱损坏、弯曲的不得使用。

(11)沟边一侧或两侧堆土,均应距沟边 1 m 以上(遇软土地区堆土距沟边不得小于 2 m),其高度不得超过 1.5 m,堆土顶部要向外侧作流水坡度,还应考虑留出现场便道,以利施工和安全。

(12)堆土不得埋压构筑物和设施,如给水闸门井、邮筒、消火栓、路边明渠、进水井、雨水或污水检查井、居民排水道及农灌渠道等。当必须堆土时,应采取相应的措施。

(13)机械挖土时,跟机修坡清底时,操作人员距铲斗应保持一定安全距离,必要时先停机后操作,同时还应及时采取支撑和沟边翻土以减轻沟壁压力,以利于沟壁稳定。车辆配合外运,在机械装土时任何人不得在车辆旁近距离停留,以保证装土安全。

(14)槽内作业人员必须戴安全帽,施工现场严禁穿拖鞋或赤脚,严禁在槽内休息。

(15)沟槽的支撑必须随挖土的深度面逐步进行,不可全部挖好后再加支撑,以防塌方。开挖深度大于 3m 的沟槽,禁止采用横列板支撑。

(16)在沟槽进行操作时,不得将工具或物料自地面掷至沟槽基坑内,必须用绳索吊卸。

(17)铁撑柱要撑紧,两头高低要平,撑脚要用铅丝扎牢。撑柱螺牙应经常加油。

(18)装、卸铁撑柱时,应用绳子扎牢吊好后再装上或卸下。

(19)当沟槽开挖深度达到 2 m 时应及时支撑,支撑要有足够的刚度和强度,支撑点用木板衬垫,防止滑移,支撑两端必须牢固或用铜丝绑扎固定。

(20)卸管时应设专人指挥,作业人员严禁在吊机回转半径范围内或吊物下方停留。

(21)管道就位时,作业人员应听从指挥,严禁盲目蛮干。

怎样才能保障下水道吊运沟管及排管的安全?

(1)吊管子的绳子(或钢丝绳)要牢固扣紧,并用麻袋或其他软物垫包管子边口,以防磨断绳子(或钢丝绳)。

(2)在吊放管子前,应通知下面人员躲避。在管子离地 0.5 m 以下时,方可手扶就位,吊放管子时不要碰撞周围的撑板与撑柱。在沟槽内滚动管子时要防止压伤脚和被撑板、沟壁擦伤手。

(3)卸管架要详细检查,缆风绳必须牢固,放溜绳要缓慢,以防冲击倒架。

(4)一般管子堆置高度超过 0.5 m 时,两侧管底要垫牢,以防滚动伤人。滚动管子要准备垫头,以备随时垫塞。滚动大型管子要有专人执红旗指挥,注意左右人员及周围障碍物。管子滚动到沟槽脚手板时,顶头要用板垫塞,防止滑下伤人。

(5)在沟槽内进行排管及校正高低时,不可将手放在管子边口。

怎样才能保障下水道打板柱的安全?

(1)卷扬机的位置,要放在能看到打桩场地的地方;卷扬机的锚桩或地陇,必须要有足够锚固力,避免在受力时卷扬机移位造成事故;卷扬机操作人员要听从专人指挥,在机旁进行操作。

(2)吊桩时要用溜绳,操作时要有专人指挥,工作人员要集中精神、互相配合。

(3)桩架要放平摆稳,缆风绳要拉匀,桩架下跑道要垫平,以防桩架晃动。

(4)移动桩架时要注意架空电线,并按供电部门规定保持安全距离,移动时桩锤要搁在底层,并听从专人指挥,统一行动。缆风绳不能全部松开,一定要按绳子的松紧程度慢慢放,收缆风绳要系在固定牢靠之处,留有余绳不少于 5 m,缆风角度一般为 30°~45°,并注意避开车道。

(5)用电动打桩机打桩时,电线要架空,操作人员离开时要切断电源。

(6)用联合制动开关打桩时,要注意排挡,严禁吊桩与打桩混合,以免错吊出事故。

(7)打桩架须跨越沟槽进行打桩时,必须垫上钢板、路基箱板或方木大梁,木板不能作跨越脚手,以防压断。

(8)打桩时如遇坚硬物,桩入土不易时,要注意桩锤跳高而碰到顶架时发生危险。

怎样才能保障下水道冲拔井管的安全?

(1)冲拔井管必须有专人指挥,并有明显指挥标志。操作人员必须戴好安全帽。

(2)操作前应详细检查所有设备是否正常。电源操作人员必须熟悉安全用电知识,操作完毕后应关闭电源,锁上开关箱。

(3)冲打井管前要摸清地下管线的情况。井架高度与起拔管子要注意架空电线,并与其保持安全距离。

(4)冲枪与皮管接头必须绑扎牢固,防止因接头脱落而伤人。冲枪打入土后,如碰到障碍物,不要突然提升,应查明原因后慢慢提升。

(5)放井管时要有溜绳,防止井管落下伤人。如井管长度超过吊杆,需分两次起吊时,其吊点选择必须在井管重心上,防止晃动伤人。

第三章 桥梁施工安全

怎样才能保障桥梁模板、支架与拱架安装的安全？

(1)模板和支架、拱架应按施工设计规定的程序安装。

(2)安装模板、支架、拱架应由作业组长指挥，作业人员应协调一致。

(3)安设模板、支架、拱架过程中，应及时架设临时支撑，保持模板、支架、拱架的稳固。下班前必须将已安装的模板、支架、拱架固定牢固。

(4)安装模板应与钢筋工序配合进行，妨碍绑扎钢筋的模板，应待钢筋工序结束后安装。

(5)支架立柱应置于平整、坚实的地基上，立柱底部应铺设垫板或混凝土垫块扩散压力。支架地基处应有排水措施，严禁被水浸泡。

(6)支架的立柱应设水平撑和双向斜撑，斜撑的水平夹角以45°为宜。立柱高度在5 m以内时，水平撑不得少于两道，立柱高于5 m时，水平撑间距不得大于2 m，并应在两水平撑之间加剪刀撑。

(7)多层支架的立柱应竖直，中心线应一致。

(8)支架高度超过10 m应设一组(4～6根)缆风绳，每增高10 m应增设一组。缆风绳与地面夹角为45°～60°，缆风绳和地锚应安设牢固。地锚安设处应设安全标志。

(9)木质立柱的接头应尽量少，单根立柱接头不宜多于一个；两相邻立柱的接头不宜在同一高度上。接头宜使用钢质夹板对接。

(10)钢立柱的接头应用卡具或螺栓扣紧，立柱与水平撑、剪刀撑之间应连接牢固。

(11)在河水中支搭支架应设防冲、撞设施，并应经常检查防冲撞设施和支架状况，发现松动、变形、沉降应及时加固；在水深超过1.2 m的水域中搭设模板、支架、拱架应选派熟悉水性的人员，并采取防溺水措施。

(12)采用木楔卸架时，木楔宜用硬质木材对剖制作，斜度不得大于25°，并将斜面刨平。安装时两楔接触面压力不得超过2 MPa，两端必须钉牢。

(13)采用砂箱卸架时，砂箱内的砂粒应均匀、干燥，箱体上的缝隙不得超过规定值，砂箱承受的最大压力不得超过10 MPa。

(14)可调顶托、底托安装前，应经润滑，确认旋转正常。安装后应采取防止砂浆、水泥浆、泥土等杂物填塞螺栓的措施，并设专人维护。

(15)支架和拱架不得与作业平台、施工便桥相连。

(16)支架、拱架安装完成后，应对节点和支撑进行检查，确认符合设计规定，经验收合格，并形成文件后，方可进行下道工序。

(17)高处作业必须支搭作业平台，并遵守下列规定。

1)作业平台的脚手板必须铺满、铺稳。

2)作业平台临边必须设防护栏杆，上下作业平台必须设安全梯、斜道等攀登设施。

3)使用前应经检查、验收，确认合格并形成文件。使用中应随时检查，确认安全。

(18)模板、支架如跨越道路、公路应遵守下列规定。

1)施工前，应制定模板、支架支设方案和交通疏导方案，并经道路交通管理部门批准。

2)模板、支架的净高、跨度应依道路交通管理部门的要求确定，并设相应的防撞设施和安全标志。

3)位于路面上的支架四周和路面边缘的支架靠路面一侧，必须设防护桩和安全标志，白天阴暗时和夜间必须设警示灯。

4)安装时必须设专人疏导交通。

5)施工期间应设专人随时检查支架和防护设施，确认符合方案要求。

(19)模板、支架跨越铁路应遵守下列规定。

1)施工前，应制定模板、支架支设方案，并经铁路管理部门批准。

2)模板、支架的净高、跨度必须依铁路管理部门的要求确定。

3)模板、支架安装前,铁路管理单位派出的监护人员必须到场。

4)施工过程中必须遵守铁路管理部门的规定。

5)列车通过时,严禁安装模板、支架和在铁路限界内作业。

6)铁路管理部门允许施工作业的限界,应采取封闭措施,保持铁路正常运行和现场人员的安全。

(20)使用扣件式钢管支架做模板支架时,应遵守下列规定。

1)施工前应按现行《建筑施工扣件式钢管脚手架安全技术规范》(JGJ 130—2011)的规定对支架结构进行设计,其强度、刚度、稳定性应满足各施工阶段荷载要求。

2)施工前应对支架立杆地基进行应力验算,必要时应对地基进行加固处理。

3)支架搭设应符合下列规定。

①立杆应竖直,2 m 高度的垂直偏差不得大于 1.5 cm;每搭完一步支架后,应进行校正。立杆的纵、横间距应符合施工设计的规定,每搭完一步支架后,应进行校正。

②可调底座的调节螺杆伸出长度超过 30 cm 时,应采取可靠的固定措施。

③满堂红支架的四边和中间每隔四排立杆应设置一道纵向剪刀撑,由底至顶连续设置。

④高于 4 m 的满堂红支架,其两端和中间每隔四排立杆应从顶层开始向下每隔两步设置一道水平剪刀撑。

⑤当梁模板支架立杆采用单根立杆时,立杆应设在梁模板中心线处,其偏心距不得大于 2.5 cm。

(21)使用门式钢管支架做模板支架时,应遵守下列规定。

1)施工前应按现行《建筑施工门式钢管脚手架安全技术规范》(JGJ 128—2010)的规定对支架结构进行施工设计,其强度、刚度、稳定性应满足各施工阶段荷载要求。

2)施工前应对门架立杆地基进行应力验算,必要时应对地基进行加固处理。

3)可调底座调节螺杆伸出长度不宜超过 20 cm;当超过 20 cm

时，应对一榀门架承载力的设计值进行修正，伸出长度为 30 cm 时，修正系数为 0.90；伸出长度超过 30 cm 时，修正系数为 0.80。

4)构造设计上，宜以立杆直接传递荷载。当荷载作用于门架横杆上时，门架的承载力应乘以折减系数，当荷载对称作用于立杆与加强杆范围时应取 0.90；当荷载对称作用在加强杆顶部时应取 0.70；当荷载作用于横杆中间时应取 0.30。

(22)使用 QM 和 SZ 钢支架做模板支架时，应遵守下列规定。

1)施工前应进行施工设计，其强度、刚度、稳定性应满足施工安全要求。地基承载力应验算，承载力不足时应加固地基。

2)杆件、顶托、底托的规格必须匹配。

3)顶托、底托的螺旋丝杆插入立柱的长度不得小于丝杆全长的 1/3。

4)连接螺栓应齐全，并紧固。

(23)模板、支架需预压时应遵守下列规定。

1)预压前应编制预压方案，方案中必须有相应的安全技术措施。

2)作业时应划定作业区，非施工人员严禁入内。

3)作业时应设专人指挥，全体作业人员必须令行禁止。

4)荷载应按预压方案逐级施加。

怎样才能保障模板、支架与拱架拆除的安全？

(1)模板、支架、拱架应按照施工设计规定的方法、程序拆除，严禁使用机械牵引、推倒的方法拆除。

(2)拆除前，应先清理施工现场，划定作业区。拆除时应设专人值守，非作业人员禁止入内。

(3)拆除作业必须由作业组长指挥，作业人员必须服从指挥，步调一致，并随时保持作业场地整洁、道路畅通。

(4)拆除作业应自上而下进行，不得上下多层交叉作业。作业时应先拆侧模，后卸落拱架或支架。落架后，应先拆底模，后拆拱架或支架。落架作业不得影响拱架、支架的稳定。

(5)拆除模板、支架、拱架时,必须确保未拆除部分的稳定,必要时应对未拆部分采取临时加固、支撑措施,确认安全后,方可拆除。

(6)模板、支架、拱架拆除后,应及时拆卸零配件,并码放在指定地点或清运出场。带钉木模板应及时拔钉。

(7)拆除作业暂时停止时,必须将活动部件支稳或固定,并确认牢固后,方可离开现场。

(8)在水深超过 1.2 m 的水域中拆除模板、支架、拱架,应选派熟悉水性的人员,并采取防溺水措施。

(9)浆砌石、混凝土砌块拱桥拱架卸落时,拱上建筑和拱圈应符合下列规定。

1)浆砌石、混凝土砌块拱桥应在拱圈砂浆强度达到设计规定后卸落拱架,设计未规定时砂浆强度必须达到设计强度的 70%以上,方可卸落拱架。

2)跨径小于 10 m 的拱桥宜在拱上建筑全部完成后卸落拱架;中等跨径实腹式拱桥宜在护拱砌完后卸落拱架;大跨径空腹式拱桥宜在腹拱横墙或立柱砌完后卸落拱架。

3)需裸拱状态卸落拱架时,应对主拱进行强度和稳定性验算,并应采取防止失稳的措施。

4)拱圈采用预施压力调整应力时,应待封拱砂浆强度达到设计规定后,方可卸落拱架。

(10)卸落支架和拱架应按施工设计规定的程序进行,卸落量宜从小逐渐增大,支架和拱架横向应同时卸落,纵向应对称均衡卸落。在拟定卸落程序时应遵守下列规定。

1)满布式拱架应从拱顶向拱脚依次循环卸落;拱式拱架应在两支座处同时卸落。

2)多孔拱架卸落时,若桥墩允许承受单向推力,可以单孔卸落,否则应多孔同时卸落或分阶段卸落。

3)卸落拱架时应观测拱圈挠度和墩台变位情况,确认符合要求。如发现异常应立即停止落架,待采取安全技术措施并确认安全后,方可继续落架。

4)简支梁、连续梁宜从跨中向支座处依次循环卸落支架。

5)悬臂梁加挂梁应先卸落挂梁支架,后卸落悬臂梁的支架。

(11)现浇混凝土拱桥应在混凝土拱圈和间隔槽混凝土强度达到设计规定后卸落拱架,设计未规定时,跨径≤8 m应达到设计强度的75%;跨径>8 m应达到设计强度的100%,方可卸落拱架。

(12)装配式混凝土拱桥卸落支架应遵守下列规定。

1)拱肋接头和横系梁混凝土强度应达到设计规定方可卸落支架;设计未规定时应达到设计强度的75%以上方可卸落支架。

2)多跨拱桥应在各孔的拱肋全部合龙并达到规定强度后,方可卸落支架。

3)卸落支架应按设计或施工设计的规定程序分次进行,使拱圈逐渐受力。

4)落架时应观测拱圈和墩、台变形,确认符合要求。如发现异常应停止落架,采取安全技术措施并确认安全后,方可继续落架。

(13)卸落现浇混凝土梁桥支架应遵守下列规定。

1)整体浇筑的多跨连梁宜各跨同时均匀分次卸落支架;需逐跨落架时,宜由两边跨向中跨对称推进。

2)在柔性分段墩上浇筑的连梁落架时,应验算桥墩偏心荷载,墩柱抗弯不足时应设临时支撑,待邻跨加载后方可撤除。

3)独柱多跨连梁或连续弯梁分段(或逐孔)浇筑、分段张拉、分段落架时,必须验算已浇梁段的稳定性,防止偏载失稳或受扭。

(14)预应力混凝土结构的侧模应在预应力张拉前拆除,底模应在结构建立预应力后拆除。

(15)拆除跨道路、公路的模板、支架应遵守下列规定。

1)拆除前,应制定模板、支架拆除方案和交通疏导方案,并经道路交通管理部门批准。

2)拆除时应设专人疏导交通。

3)拆除材料应及时运出现场,经检查确认道路符合交通管理部门要求,方可恢复交通。

(16)拆除跨铁路的模板、支架应遵守下列规定。

1)拆除前,应制订模板、支架拆除方案,并经铁路管理部门批准。

2)拆除前,铁路管理部门派出的监护人员必须到场。

3)拆除过程中必须遵守铁路管理部门的规定,列车通过时,严禁拆除作业。

4)拆除材料应及时运出现场,严禁占用铁路限界放置。

5)拆除完毕,应由铁路管理部门派人验收,确认合格,并办理手续。

怎样才能保障桥梁钢盘工程中钢筋加工的安全?

(1)钢筋除锈。

1)操作人员应戴防尘口罩、防护眼镜和手套。

2)除锈应在钢筋调直后进行,带钩钢筋不得使用除锈机除锈。

3)操作人员应站在钢丝刷的侧面,严禁触摸旋转的钢刷。

4)现场应通风良好。

(2)钢筋冷拉。

1)卷扬机及其地锚必须安装稳固,经验收合格,并形成文件后方可进行冷拉作业。

2)卷扬机操作工必须能看到全部冷拉场地。

3)在冷拉场两端地锚外应设防护挡板和安全标志,严禁人员在此停留。

4)冷拉作业必须设专人指挥,作业前,指挥人员必须检查卡具和环境,确认钢筋卡牢、环境安全后,方可向卷扬机操作工发出冷拉信号。

5)作业时,应设专人值守,严禁钢筋两侧 2 m 内和冷拉线两端有人,严禁跨越受拉钢筋。

6)作业中,发现滑丝等情况,必须立即停机,放松后方可处理。

7)采用控制冷拉率的方法冷拉钢筋时,必须设限位装置。

8)当温度低于－15 ℃时,不宜进行冷拉作业。

9)冷拉场夜间工作照明设施应采用防护措施。

(3)机具加工钢筋。

1)加工机具应完好、安装稳固、保持机身水平,防护装置应齐全有效,电气接线应符合《施工现场临时用电安全技术规范》(JGJ 46—2005)的规定。使用前应经检查、试运行,确认正常。

2)使用范围、操作程序应符合机械使用说明书的规定。

3)机具运行中,严禁作业人员触摸其传动部位。

4)机具运行中,发现异常必须立即关机断电,方可检修。

5)加工机具应设专人管理,定期保养和维修,保持其完好的技术性能,不得超载和带病运转。

6)作业中遇停电和下班后,应关机,并切断机械电源。

怎样才能保障桥梁钢盘工程中钢筋连接的安全?

(1)钢筋连接应遵守设计规定,宜采用焊接(电弧焊、闪光对焊、电渣压力焊、气压焊)。钢筋骨架和钢筋网片的交叉点宜采用电阻点焊。钢筋与钢板的T型焊接宜采用埋弧压力焊或电弧焊。

(2)轴心受拉和小偏心受拉构件中的主钢筋应焊接,不得采用绑扎连接。

(3)焊工必须经专业培训,持证上岗。钢筋焊接前应进行现场条件下的焊接性能试验,确认合格,并形成文件。

(4)焊接作业现场周围10 m范围内不得堆放易燃、易爆物品。不能满足要求条件时,必须采取安全防护措施。

(5)手工电弧焊应遵守下列规定。

1)焊接前应检查焊把线和电焊钳的连接,确认绝缘可靠。

2)焊接时引弧应在垫板、帮条或形成焊缝部位进行,不得烧伤主筋。

3)接地线、焊把线不得搭在电弧、炽热焊件附近和锋利的物体上。

4)在潮湿地点焊接时,地面上应铺以干燥的绝缘材料,焊接工应站其上。

5)作业后必须切断电源、锁闭电闸箱、清理场地、灭绝火种、消除焊料余热后方可离开现场。

(6)进行闪光对焊、电渣压力焊、电阻点焊或埋弧压力焊时,应随时观测电源电压的波动情况。当电压下降在5%~8%时,应采取提高焊接变压级数的措施;当电压下降≥8%时,不得进行焊接。

(7)对焊和手工电弧焊作业应设作业区，其边缘应设挡板，非作业人员不得入内。配合搬运钢筋的作业人员，在焊接时应背向焊接处，并采取防止火花烫伤的措施。

(8)钢筋采用机械连接应遵守下列规定。

1)钢筋机械连接形式、工艺和质量验收标准应符合现行《钢筋机械连接技术规程》(JGJ 107—2010)的有关规定。

2)混凝土结构中的钢筋采用机械连接，当环境温度低于－10℃时，应经试验确定。

3)钢筋机械连接操作人员应经安全技术培训，考核合格方可上岗。

(9)钢筋锥螺纹连接应遵守下列规定。

1)接头的端头距钢筋弯曲点长度不得小于钢筋直径的10倍。

2)拧紧接头必须用力矩扳手；力矩扳手应每半年用扭力仪检定一次。

3)使用力矩扳手不得加套管。

4)高处作业应设作业平台，力矩扳手应系保险绳。

怎样才能保障桥梁预应力筋施工的安全？

(1)先张法。

1)施工前，应根据全部张拉力对张拉台座进行施工设计，其强度、稳定性应满足张拉施工过程中的张拉要求。张拉横梁承力后的挠度不得大于2 mm；墩式承力结构的抗倾覆安全系数应大于1.5，抗滑移安全系数应大于1.3。

2)张拉阶段和放张前，非施工人员严禁进入防护挡板之间。

3)高压油泵必须放在张拉台座的侧面。

4)预应力钢筋就位后，严禁使用电弧焊在钢筋上和模板等部位进行切割或焊接，防止短路火花灼伤预应力筋。

5)张拉作业应遵守下列规定。

①张拉前应检查台座、横梁和张拉设备，确认正常。

②张拉过程中活动横梁与固定横梁应始终保持平行。

③钢筋张拉后应持荷 3～5 min,确认安全后方可打紧夹具。

④打紧锚具夹片人员必须位于横梁上或侧面,对准夹片中心击打。

6)安装模板、绑扎钢筋等作业,应在预应力筋的应力为控制应力的 80%～90%时进行。

7)作业中不得碰撞预应力钢筋。

8)钢筋张拉完毕,确认合格并形成文件后,应连续作业,及时浇筑混凝土。

9)混凝土浇筑完成后,应立即按技术规定养护。

10)预应力筋放张应遵守下列规定。

①混凝土强度应符合设计规定;当设计无规定时,不得低于混凝土设计强度的 75%。

②预应力筋的放张顺序应符合设计规定;设计无规定时,应分阶段、对称、交错进行。放张前应拆除限制位移的模板。

③预应力筋应慢速放张,且均匀一致。

④预应力筋放张后,应从放张端开始向另端方向进行切割。

⑤拆除锚具夹片时,应对准夹片轻轻敲击,对称进行。

(2)后张法。

1)张拉时构件混凝土强度应符合设计规定;设计无规定时,应不低于设计强度的 75%。张拉前应将限制位移的模板拆除。

2)预应力筋的张拉顺序应符合设计规定;设计无规定时,应根据分批、分阶段、对称的原则在施工组织设计中予以规定。

3)往预应力孔道穿钢束应均匀、慢速牵引,遇异常应停止,经检查处理确认合格后,方可继续牵引。严禁使用机动翻斗车,推土机等牵引钢束。

4)张拉前应根据设计要求实测孔道摩阻力,确定张拉控制应力和伸长值。

5)张拉阶段,严禁非作业人员进入防护挡板与构件之间。

6)张拉作业应遵守下列规定。

①张拉前应检查张拉设备、锚具,确认合格。

②人工打紧锚具夹片时,应对准夹片均匀敲击,对称进行。

③张拉时,不得用手摸或脚踩被张拉钢筋,张拉和锚固端严禁

有人。

④在张拉端测量钢筋伸长和进行锚固作业时，必须先停止张拉，且站位于被张拉钢筋的侧面。

⑤张拉完毕锚固后应静观 3 min，待确认正常后，方可卸张拉设备。

7）预应力张拉后，孔道应及时灌浆；长期外露的金属锚具应采取防腐蚀措施。

8）孔道灌浆应遵守下列规定：

①灌浆前应依控制压力调整安全阀。

②负责灌浆嘴的操作工必须佩戴防护镜和手套、穿胶靴。

③灌浆嘴插入灌浆孔后，灌浆嘴胶垫应压紧在孔口上。

④输浆管道与灰浆泵应连接牢固，启动前应检查，确认合格。

⑤严禁超压灌浆。

⑥堵浆孔的操作工严禁站在浆孔迎面。

（3）电热张拉法。

1）抗裂度要求较严的构件，不宜采用电热张拉法。用金属管和波纹管作预留孔道的构件，不得采用电热张拉法。

2）用电热张拉法时，预应力钢材的电热温度不得超过 350 ℃，反复电热次数不宜超过三次。

3）电热设备应采用安全电压，一次电压应小于 380 V，二次电压应小于 65 V。

4）使用锚具应符合设计规定；设计无规定，至少一端应为螺丝端杆锚。采用硫黄砂浆后张时，两端均应采用螺丝端杆锚。

5）作业现场应设护栏，非作业人员严禁入内。

6）电热张拉预应力筋的顺序应符合设计规定；设计无规定时，应分组、对称张拉。

7）作业时必须设专人控制二次电源，并服从作业组长指挥，严禁擅离岗位。

8）作业人员必须穿绝缘胶鞋，戴绝缘手套。

9）锚固后，构件端必须设防护设施，且严禁有人。

10）张拉结束后应及时拆除电气设备。

（4）无黏结预应力。

1)吊运、存放、安装等作业中严禁损坏预应力筋的外包层。

2)预应力筋外包层应完好无损,使用前应逐根检查,确认合格。

3)张拉过程中,发生滑脱或断裂的钢丝数量不得超过同一截面内无黏结预应力筋总量的2%。

4)无黏结预应力筋的锚固区,必须有可靠的密封防护措施。

怎样才能保障桥梁混凝土浇筑工程施工的安全?

(1)浇筑混凝土前,应检查模板、支架的稳定状况,且钢筋经验收合格,并形成文件后方可浇筑混凝土。

(2)浇筑混凝土应按施工设计规定的程序进行,不得擅自变更。

(3)浇筑现场必须设专人指挥运输混凝土的车辆。指挥人员必须站在车辆的安全一侧。车辆卸料处必须设牢固的挡掩。

(4)采用泵送混凝土应搅拌均匀,严格控制坍落度。当出现输送管道堵塞时,应在泵机卸载情况下拆管排除堵塞。排除的混凝土应及时清理,保持环境整洁。

(5)使用混凝土泵车时,现场应提供平整、坚实、位置适宜的场地停放泵车。现场有电力架空线时,应设专人监护。

(6)使用手推车运送混凝土,必须装设车槽前挡板,装料应低于车槽至少10 cm;卸料时应设牢固挡掩,并严禁撒把。

(7)人工现场倒运混凝土应遵守下列规定。

1)一次倒运高度不得超过2 m。

2)作业平台上应设钢板放置混凝土。

3)平台倒料口设活动栏杆时,倒料人员不得站在倒料口处。倒料完成后,必须立即将活动栏杆复位。

4)作业平台下方严禁有人。

5)混凝土入模应服从振捣人员的指令。

(8)使用龙门架或井架运送混凝土应符合现行《龙门架及井架物料提升机安全技术规范》(JGJ 88—2010)的要求,并遵守下列规定。

1)提升架宜由有资质的企业生产,具有质量合格证和相关的技术文件。

2)架体基础结构应经设计确定。基础应能可靠地承受作用在其上的全部荷载;架体地基应高于附近地面,确保不积水。

3)附墙架的设置应符合产品技术文件要求,其间隔不宜大于9 m;附墙架和架体与构筑物之间,均应采用刚性件连接,形成稳定结构,不得连接在脚手架上,严禁使用铅丝绑扎。

4)提升高度在30 m(含)以下,由于条件限制无法设置附墙架时,应采用缆风绳稳固架体;缆风绳应选用圆股钢丝绳,并经计算确定,且直径不得小于9.3 mm。提升架在20 m(含)以下时,缆风绳不得少于1组(4～8根);超过20 m时,不得少于2组。缆风绳与地面的夹角不得大于60°,其下端必须与地锚牢固连接。

5)地锚结构应根据土质和受力情况,经计算确定。一般宜采用水平式地锚;土质坚硬,地锚受力小于15 kN时,可选用桩式地锚。

6)安装与拆除前,应根据设备情况和现场环境状况编制施工方案,制订安全技术措施。作业前,现场应设作业区,并设专人值守。

7)安装与拆除架体应采用起重机,宜在白天进行,夜间作业必须设充足的照明;作业时必须设信号工指挥。

8)安装架体时必须先将地梁与基础连接牢固。每安装2个标准节(一般不大于8 m),必须采取临时支撑或临时缆风绳固定,并进行校正,确认稳固后方可继续安装。

9)安装龙门架时,两边立柱必须交替进行,每安装2节,除将单肢柱临时固定外,必须将两立柱横向连接一体。

10)架体各节点的连接螺栓必须符合孔径要求,严禁扩孔和开孔、漏装或以铅丝代替,螺栓必须紧固。

11)架体安装精度应符合下列要求。

①新制作的架体垂直偏差不得超过架体高度的1.5%;多次使用的架体不得超过3‰,且不得超过200 mm。

②井架截面内,两对角线长度公差不得超过最大边长的名义尺寸的3%。

③导轨接头错位不得大于1.5 mm。

④吊篮导靴与导轨的间隙应为5～10 mm。

12)提升机的安全防护装置必须齐全、有效,符合产品技术文件的要求。

13)提升机的总电源必须设短路保护和漏电保护装置；电动机的主回路上应同时装设短路、失压、过电流保护装置；电气设备的绝缘电阻值（含对地电阻值）必须大于 0.5 MΩ，运行中必须大于1000 Ω/V。

14)卷扬机设置应符合下列要求。

①宜选用可逆式卷扬机；提升高度超过了 30 m 时，不得选用摩擦式卷扬机。

②卷扬机应安装在平整、坚实的地基上，宜远离作业区，视线应良好。由于条件限制，需安装在作业区内时，卷扬机操作棚的顶部应设防护棚，其结构强度应能承受 10 kPa 的均布静荷载。

③卷扬机必须与地锚连接牢固，严禁与树木、电杆、建(构)筑物连接。

④钢丝绳在卷筒中间位置时，架体底部的导向滑轮应与卷筒轴心垂直，否则应设置辅助导向滑轮，并用地锚、钢丝绳连接牢固。

⑤钢丝绳运行时应架起，不得拖地和被水浸泡；穿越道路时，应挖沟槽并设保护措施；严禁在钢丝绳穿行的区域内堆放物料。

15)提升机架体地面进料口的顶部必须设防护棚，其宽度应大于架体外缘；棚体结构应能承受 10 kPa 的均布静荷载。

16)架体及其提升机安装完成后，必须经检查、试运行、验收合格，并形成文件后方可交付使用。

(9)浇筑混凝土时，施工人员不得踏踩、碰撞模板及其支撑，不得在钢筋上行走。

(10)浇筑混凝土时，应设模板工监护，发现模板和支架、支撑出现位移、变形和异常声响，必须立即停止浇筑，施工人员撤离危险区域。排险必须在施工负责人的指挥下进行。排险结束后必须确认安全，方可恢复施工。

(11)使用插入式振动器进入模板仓内振捣时，应对缆线加强保护，防止磨损漏电。仓内照明必须使用 12 V 电压。

(12)用附着式振动器时，模板和振动器的安装应坚固牢靠，经试振动确认合格方可使用。

怎样才能保障桥梁混凝土养护工程施工的安全?

(1)混凝土养护区内地面和结构水平面上的孔、洞必须封闭牢固。

(2)养护覆盖材料应具有阻燃性,使用完毕应及时清理,运至规定地点。

(3)水养护应遵守下列规定。

1)现场应设养护用水配水管线,其敷设不得影响人员、车辆和施工安全。

2)用水应适量,不得造成施工场地积水、泥泞。

3)拉移输水胶管路线应直顺,不得倒退行走。

(4)电热养护应遵守下列规定。

1)施工前应根据结构物特点、现场环境条件进行电热养护施工设计,选定相应环境下的安全电压。

2)电热装置的电气接线必须由电工安装和拆卸,电热装置每次通电前,必须由电工检查,确认安全。

3)电热区域内的金属结构和外露钢筋必须有接地装置,并缠裹绝缘材料。

4)测温人员必须按规定使用防护用品,应在规定路线行走、规定位置测温。

5)养护区必须设护栏,非作业人员禁止入内。

6)养护结束后必须及时切断电源,拆除电热装置系统。

(5)养护和测温人员应选择安全行走路线。行走路线的夜间照明必须充足,需设便桥、斜道、平台时必须搭设牢固。

怎样才能保障预制混凝土构件施工的安全?

(1)构件预制场地应平整、坚实,不积水。

(2)预制构件的吊环位置及其构造应符合设计要求。

(3)采用平卧重叠法预制构件时,下层构件混凝土强度达到设计强度的30%以上后，方可进行上层构件混凝土浇筑，上下层混凝土之间应有可靠的隔离措施。

(4)采用振动底模的方法振实混凝土时，底模应设在弹性支承上。

(5)预应力简支梁构件支座处的模板基础应予加强。

(6)拆模后处于不稳定状态的构件，在拆模、存放和运输前，必须采取防倾覆措施。

(7)桥上施工采用外吊架临边防护时，其预留孔或预埋件应随构件预制同步完成。

怎样才能保障桥梁明挖基础中基坑开挖的安全？

(1)基坑尺寸应能满足基础安全施工和排水要求，基坑顶面应有良好的运输通道。

(2)机械开挖基坑时，当坑底无地下水，坑深在5m以内，且边坡坡度符合表3－1规定时，可不加支撑。

表3－1　边坡坡度比例

土壤性质	在坑底挖土	在坑上边挖土
砂土回填土	1000 750	1000 1000
粉土砂石土	1000 500	1000 750

续上表

土壤性质	在坑底挖土	在坑上边挖土
粉质黏土	1000 330	1000 750
黏土	1000 250	1000 750
干黄土	1000 100	1000 330

(3)当挖土深度超过 5 m 或发现有地下水和土质发生特殊变化,不符合(2)条规定时,应根据现场实际情况确定边坡坡度或采取支护措施。

(4)开挖中发现危险物、不明物时应立即停止作业,保护现场,报告上级和主管单位。严禁敲击和擅自处理。

(5)基坑邻近各类管线、建(构)筑物时,开挖前应按施工组织设计的规定实施拆移、加固或保护措施,经检查符合规定后,方可开挖。

(6)基坑开挖中,与直埋电缆线距离小于 2 m(含),与其他管线距离小于 1 m(含)时,应采取人工开挖,并注意标志管线的警示标志,严禁损坏管线。开挖时宜约请管理单位派人监护。

(7)土层中有水时，应在开挖前进行排降水，先疏干再开挖，不得带水挖土。

(8)开挖中，出现基坑顶部地面裂缝、坑壁坍塌或涌水、涌沙时，必须立即停止施工，人员撤离危险区，待采取措施确认安全后，方可恢复施工。

(9)基坑开挖与支撑、支护交叉进行时，严禁开挖作业碰撞、破坏基坑的支护结构。

(10)使用挖掘机的施工现场附近有电力架空线时，应设专人监护。

(11)在基坑外堆土时，堆土应距基坑边缘 1 m 以外，堆土高度不得超过 1.5 m。

(12)人工清基应在挖掘机停止运转且挖掘机指挥人员同意后进行，严禁在机械回转范围内作业。

(13)在坡道上用卷扬机牵引小车，从基坑内往外运送土方应遵守下列规定。

1)装土小车应完好，作业前应检查，确认坚固。

2)坡道的坡面应坚实、平整，宽度应比小车宽 1.5 m 以上，纵坡不宜陡于 1∶2。

3)小车应用小钢丝绳牵引，其安全系数不得小于 5。

(14)基坑内应设安全梯或土坡道等攀登设施。

(15)需挖除道路结构时应遵守下列规定。

1)施工前应根据旧路结构和现场环境，选择适宜的机具。

2)现场应划定作业区，设安全标志，非作业人员不得入内。

3)作业人员应避离运转中的机具。

4)挖除的渣块应及时清运出场。

5)使用液压振动锤应避离人、设备和设施。

怎样才能保障桥梁明挖基础中土方运输的安全？

(1)土方外弃时，施工前应根据工程需要、运输车辆、交通量和现场状况，确定运输路线。

(2)现场应尽量利用现况道路运输。道路沿线的桥涵、便桥、地下管线等构筑物应有足够的承载力,能满足运输要求;运输前应调查,必要时应进行受力验算,确认安全。穿越桥涵和架空线路的净空应满足运输安全要求。

(3)运输前应确认合格;施工中,应设专人维护管理,保持道路平坦、通畅,不翻浆,不扬尘。

(4)场内运输应根据交通量、路况和周围环境状况规定车速。

(5)外运土方宜使用封闭式车辆运输,装土后应清除车辆外露面的遗土、杂物。

(6)土方运输车辆应按规定路线行驶,速度均匀,不得忽快忽慢。

(7)弃土场应符合下列规定。

1)弃土场应避开建筑物、围墙和电力架空线路等。

2)选择弃土场应征得场地管理单位的同意。

3)弃土不得妨碍各类地下管线、构筑物等的正常使用和维护,不得损坏各类检查井(室)、消火栓等设施。

4)弃土场应采取防扬尘的措施。

5)堆土应及时整平。

怎样才能保障桥梁明挖基础中基坑支护的安全?

(1)受条件限制基坑不能按规定放坡时,应采取支护措施。

(2)基坑支护应根据土质情况、施工荷载、施工周期和现场情况进行施工设计,并符合现行《建筑基坑支护技术规程》(JGJ 120—1999)的有关规定。

(3)预钻孔埋置桩支护应遵守下列规定。

1)钻出的泥土应随时清理运弃,保持作业面清洁。

2)钻孔应连续完成,成孔后应及时吊桩入孔。

3)使用起重机吊桩必须由信号工指挥;吊点应正确;吊桩就位时应缓起、缓移,并用控制绳保持桩的平稳。

4)向孔内送桩时严禁手脚伸入桩与孔之间。

5)桩就位后应及时填充桩周空隙至顶面。

6)钻孔、埋桩不能连续作业时,孔口必须采取防护措施。

(4)压浆混凝土桩支护应遵守下列规定。

1)钻孔深度和配筋必须符合施工设计要求。

2)成孔后,应及时安装钢筋笼。

3)向孔内置入钢筋笼前,必须检查笼内侧的注浆管,确认浆管顺直、接头严密、喷孔畅通。

4)压浆作业应符合下列要求。

①压浆应分两次进行。首次压浆应边提钻、边下料、边进行,二次压浆应在成桩后进行,两次压浆间隔不得超过 45 min。

②水泥浆必须搅拌均匀,经过滤网后方可注入压浆管。

③压浆作业应逐级升压至控制值,不得超压。

④拆除压浆管前必须卸压、断电。

(5)土钉墙支护应遵守下列规定。

1)土钉墙支护适用于无地下水的基坑。当基坑范围有地下水时,应在施工前采取排降水措施降低地下水。在砂土、虚填土、房渣土等松散土质中,严禁使用土钉墙支护。

2)施工前,应根据土质、坑深、施工荷载对支护结构进行施工设计。土钉抗拉承载力、土钉墙整体稳定性应满足施工各个阶段荷载的要求。

3)土钉墙墙面坡度不宜大于 1∶0.1。

4)土钉必须和面层有效连接,应设置承压板或加强钢筋等构造措施,承压板、加强钢筋应分别与土钉螺栓、钢筋焊接连接。

5)土钉的长度宜为开挖深度的 0.5～1.2 倍,间距宜为 1～2 m,与水平面夹角宜为 5°～20°。

6)土钉钢筋宜采用 HRB335 级、HRB400 级钢筋,钢筋直径为 16～32 mm,钻孔直径宜为 70～120 mm。

7)注浆材料宜采用水泥浆或水泥砂浆,其强度等级不宜低于 M10。

8)喷射混凝土面层宜配置钢筋网,钢筋直径宜为 6～10 mm,间距宜为 15～30 cm;喷射混凝土强度等级不宜低于 C20,面层厚度不宜小于 8 cm。

9)坡面上下段钢筋网搭接长度应大于 30 cm。

10)土钉墙支护应按施工设计规定的开挖顺序自上而下分层进行,随开挖随支护。

11)喷射混凝土和注浆应符合施工设计要求。喷射混凝土前,应清除坡面虚土。喷层中挂网位置应准确。喷射时,严禁将喷嘴对向人、设备、设施。

12)土钉墙的土钉注浆和喷射混凝土层达到设计强度的 70% 后,方可开挖下层土方。

13)施工中每一工序完成后,应隐蔽验收,确认合格并形成文件后,方可进入下一工序。

14)土钉施工宜在喷射混凝土终凝 3 h 后进行,并符合下列要求。

①土钉类型、间距、长度和排列方式应符合施工设计的规定。

②搬运、安装土钉时,不得碰撞人、设备。

③钻孔作业时,严禁人员触摸钻杆。

④注浆作业应连续进行。

15)遇有不稳定的土体,应结构现场实际情况采取防坍塌措施,并应符合下列规定。

①在修坡后应立即喷射一层砂浆、素混凝土或挂网喷射混凝土,待其达规定强度后方可设置土钉。

②支护面层背后的土层中有滞水时,应设水平排水管,并将水引出支护层外。

③加强现场观测,掌握土体变化情况,及时采取应急措施。

16)土钉支护施工完成后,应按施工设计的规定设置监测点,并设专人监测,发现异常必须及时采取安全技术措施。施工中应随时观测土体状况,发现坍塌征兆必须立即撤离基坑内和顶部危险区,并及时处理,确认安全。

17)人工锤击木桩支护应遵守下列规定。

①锤击桩必须由作业组长指挥,作业人员应动作协调,非作业人员禁止靠近。

②锤击桩时严禁手扶桩或桩帽。

③作业中应随时检查锤击工具的完好状况,并及时修理、更换,

确认安全。

18）支护结构完成后，应进行检查、验收，确认合格并形成文件后，方可进入基坑作业。

怎样才能保障桥梁明挖基础中基坑排降水的安全？

（1）基坑范围内有地表水时，应设水泵排除。在水深超过 1.2m 的水域作业，必须选派熟悉水性的人员，并应采取防止溺水的措施。

（2）基坑中设排水井时，排水井和排水沟的边坡应稳定，且不得扰动基坑边坡。水泵应安设稳固。

（3）基坑范围内有地下水，需降水施工时，应根据水文地质和现场环境状况进行施工设计。

（4）基坑排降水应连续进行，工程结构施工至地下水位以上 50 cm时，方可停止排降水。

怎样才能保障桥梁明挖基础中导流施工的安全？

（1）工程与河湖交叉，采用导流施工宜在枯水季节进行。

（2）施工前应对现场情况进行调查，掌握现场的工程地质、水文地质情况和河湖的水深、流速、最高洪水位、上下游闸堤情况与施工范围内的地上、地下设施现况，编制导流施工设计，制定相应的安全技术措施。

（3）施工前应向河湖管理部门申办施工手续，并经批准。

（4）进入水深超过 1.2 m 的水域作业时，必须选派熟悉水性的人员，并采取防止溺水的安全措

（5）导流管施工应遵守下列规定。

1）筑坝范围必须满足基坑施工安全的要求。

2）导流管过水断面、筑坝高度和断面应经水力计算确定。坝顶高度应高出施工期间最高洪水位 70 cm 以上。

3）导流管为两排及以上时，其净距应等于或大于 2 倍管径。

4）导流管应采用钢管，并稳定地嵌固于坝体中。管外壁在上下

游的坝体范围内应设止水环。

(6)围堰施工应遵守下列规定。

1)围堰断面应根据河湖水深、流速等经水力计算确定。围堰不得渗漏。

2)围堰内的面积应满足基坑的施工和设置排水设施的要求。

3)围堰外侧迎水面应采取防冲刷措施。

4)围堰顶高应高出施工期间可能出现的最高水位 70 cm 以上。

5)筑堰应自上游起,至下游合龙。

6)采用土围堰除遵守 1)～5)规定外,尚应遵守下列规定。

①水深 1.5 m 以内、流速 50 cm/s 以内、河床土质渗透系数较小时,可筑土围堰。

②堰顶宽度宜为 1～2 m,堰内坡脚与基坑边缘距离应据河床土质和基坑深度而定,且不得小于 1 m。

③筑堰土质宜采用松散的黏性土或砂夹黏土,填土出水面后应进行夯实。填土应自上游开始至下游合龙。

④由于筑堰引起流速增大,堰外坡面可能受冲刷危险时,应在围堰外坡用土袋、片石等防护。

7)采用土袋围堰除遵守 1)～5)规定外,尚应遵守下列规定。

①水深 1.5 m 以内、流速 1.0 m/s 以内、河床土质渗透系数较小时可采用土袋围堰。

②堰顶宽度宜为 1～2 m,围堰中心部分可填筑黏土和黏土芯墙。堰外边坡宜为 1∶1～1∶0.5;堰内边坡宜为 1∶0.5～1∶0.2,坡脚与基坑边缘距离应据河床土质和基坑深度而定,且不得小于 1 m。

③草袋或编织袋内应装填松散的黏土或砂夹黏土。

④堆码土袋时,上下层和内外层应相互错缝,堆码密实、平整。

⑤水流速度较大处,堰外边坡草袋或编织袋内宜装填粗砂砾或砾石。

⑥黏土心墙的填土应分层夯实。

8)采用钢板桩围堰除遵守 1)～5)规定外,尚应遵守下列规定。

①钢板桩沉入后,应及时检查,确认平面位置正确、桩身垂直。发现倾斜,应立即纠正或拔出重打。

②接长的钢板桩，其相邻两钢板桩的接头位置应上下错开。

③拔桩应从下游开始，拔除钢板桩时宜向围堰内灌水，使堰内外水位相等。

④拆除坝和围堰时，应先清除施工区域内影响航行和污染水体的物质；围堰应拆除干净，不得阻碍水流和航道。

⑤遇水体危及施工安全时，坝和围堰内施工人员、设备必须立即撤出。

怎样才能保障桥梁明挖基础中地基处理的安全？

(1)当地基承载力不足或被扰动时，应按设计规定处理地基。

(2)注浆加固地基时，其材料应符合环保要求。

(3)岩层地基处理应遵守下列规定。

1)未风化的岩层，岩面倾斜超过 15°时，应凿成台阶状，使持力层与重力线垂直。

2)风化的岩层，应凿除已风化部分。

3)人工凿除岩层时，锤柄必须安装牢固，持锤手不得戴手套。

4)爆破岩石应符合下列规定。

①爆破施工应遵守现行《爆破安全规程》(GB 6722—2003)的有关规定。

②施工前，必须由具有相应爆破设计资质的企业进行爆破设计，编制爆破设计书或爆破说明书，并制订专项施工方案，规定相应的安全技术措施，经市、区政府主管部门批准方可实施。

③爆破施工必须由具有相应爆破施工资质的企业承担，由经过爆破专业培训、具有爆破作业上岗资格的人员操作。

④爆破前应对爆破区周围的环境状况进行调查，了解并掌握危及安全的不利环境因素，采取相应的安全防护措施。

⑤施工前，应由建设单位约请政府主管部门和附近建(构)筑物、管线等有关管理单位，协商研究爆破施工中应对现场环境和相关设施采取的安全防护措施。

⑥爆破前应根据爆破规模和环境状况建立爆破指挥系统及其

人员分工，明确职责，进行充分的爆破准备工作，检查落实，确认合格并记录。

⑦施工前必须对爆破器材进行检查、试用，确认合格并记录。

⑧爆破前必须根据设计规定的警戒范围，在边界设明显安全标志，并派专人警戒。警戒人员必须按规定的地点坚守岗位。

⑨露天爆破装药前，应与气象部门联系，及时掌握气象资料，遇雷电、暴雨雪来临，大雾天气能见度不超过 100 m，风力大于 6 级等恶劣天气时，必须停止爆破作业。

⑩爆破完毕，安全等待时间过后，检查人员方可进入爆破警戒区内检查，经检查并确认安全后，方可发出解除警戒信号。

怎样才能保障桥梁明挖基础中基础结构施工的安全？

(1)基坑开挖或基础处理完毕后，应对基底进行检查，经验收合格，并形成文件后，方可进行结构施工。

(2)进入基坑内，施工前和施工过程中应随时检查边坡或支护的稳定状况，确认安全。

(3)向基坑内运送模板和工具时，应用溜槽或绳索系放，不得抛掷。

(4)用起重机向基坑内运送材料时，停机位置与基坑边的安全距离应根据施工荷载、土质、坑深和支护情况，经验算确定，且不得小于 1.5 m。

怎样才能保障桥梁明挖基础中基坑回填土的安全？

(1)回填土应自下而上分层进行。每层的压实度应符合技术规定。

(2)基坑有支护时，回填土必须和支护结构的拆除协调一致，不得破坏支护结构。

(3)用手推车、自卸汽车、机动翻斗车、装载机等向基坑内卸土应遵守下列规定。

1)基坑边必须对车轮设牢固挡掩。

2)基坑内人员必须位于安全位置。

3)卸土时应设专人指挥,指挥人员必须站位于车辆、机械侧面。卸土前指挥人员必须检查挡掩和坑下人员情况,确认安全后,方可向车辆、机械操作工发出卸车信号。

4)手推车严禁撒把倒土。

(4)使用推土机向基坑内推土时,应设专人指挥,指挥人员应站在推土机侧面,确认基坑内人员已撤至安全位置,方可向推土机操作工发出向基坑内推土的指令。

(5)使用夯实机具必须按规定配置操作人员,操作人员应经过安全技术培训,且人员相对固定。电动夯实机具必须由电工接线与拆卸,并随时检查机具、缆线和接头,确认无漏电。

(6)使用压路机时,指挥人员应走行于机械行驶方向后面或安全的一侧,并与压路机操作工密切配合,及时疏导周围人员至安全地带。运行中,现场人员不得攀登机械和触摸机械传动部位。

怎样才能保障桥梁沉入桩基础施工的安全?

(1)桩的制作、吊运与堆放。

1)用重叠法浇筑混凝土桩时,桩与邻桩、底模之间应铺贴隔离层,防止粘接;必须在下层桩和邻桩的混凝土强度达到设计强度的30%后方可浇筑;平卧重叠层数不宜超过4层。

2)施工前应根据桩的长度、质量选择适宜的起重机和运输车辆。

3)预制混凝土桩起吊时的强度应符合设计规定,设计无规定时,混凝土应达到设计强度的75%以上。

4)桩的吊点位置应符合设计或施工设计规定。起重机吊桩应缓起,宜设拉绳保持稳定,桩长超过运输车厢时,车辆转弯应速度缓、半径大,并应观察周围环境,确认安全。

5)桩的堆放场地应平整、坚实,不积水。

6)混凝土桩支点应与吊点在一条竖直线上,堆放时应上下对准：堆放层数不宜超过4层；钢桩堆放支点应布置合理，防止变形；钢管桩应采取防滚动的措施，堆放高度不得超过3层。

(2)沉桩。

1)在城区、居民区、乡镇、村庄、机关、学校、企业、事业单位等人员密集区不得采用锤击、振动沉桩施工。

2)在地下管线、建(构)筑物附近沉桩时，必须预先对管线、建(构)筑物结构状况进行调查和分析，确认安全。需要采取加固或保护措施时，必须在加固、保护措施完成，经检查、验收合格，并形成文件后方可沉桩。

3)钢筋混凝土或预应力混凝土桩达到设计强度后，方可沉桩。

4)施工场地应平整坚实，坡度不大于3%，沉桩机应安装稳固，并设缆绳，保持机身稳定。

5)施工前应划定作业区，并设安全标志，非作业人员禁止入内。

6)严禁在架空线路下方进行机械沉桩作业。

7)沉桩作业应由具有经验的技术工人指挥。作业前指挥人员必须检查各岗位人员的准备工作情况和周围环境，确认安全后，方可向操作人员发出指令。作业时严禁人员在桩机作业范围和起吊的桩和桩锤下穿行。

8)振动沉桩应遵守下列规定。

①必须考虑振动对周边环境的影响，并采取相应的防护措施。

②振动沉桩机、机座、桩帽应连接牢固，沉桩机和桩的中心应保持在同一轴线上。

③开始沉桩应以自重下沉，待桩身稳定后方可振动下沉。

④用起重机悬吊振动桩锤沉桩时，其吊钩上必须有防松脱的保护装置，并应控制吊钩下降速度与沉桩速度一致，保持桩身稳定。

9)射水沉桩应遵守下列规定。

①应根据土质选择高压水泵的压力和射水量，并应防止急剧下沉造成桩机倾斜。

②高压水泵的压力表、安全阀，输水管路应完好。压力表和安全阀必须经检测部门检验、标定后方可使用。

③开始沉桩应以自重下沉，待桩身稳定后方可射水下沉。

④在地势低洼处沉桩时，应有排水设施，保持排水正常。

⑤施工中严禁射水管口对向人、设备和设施。

10)沉桩过程中发现以下情况应暂停施工，经采取措施确认安全后，方可继续沉桩。

①贯入度发生突变。

②桩身突然倾斜。

③桩头或桩身破坏。

④地面隆起。

⑤桩身上浮。

11)在桥梁改、扩建工程中，桩基施工不宜采用振动沉桩方法进行，靠近现况桥梁部位的桩基不得采用射水方法辅助沉桩。

怎样才能保障桥梁灌注桩基础施工中机械钻孔的安全？

(1)施工场地应能满足钻孔机作业的要求。旱地区域地基应平整、坚实；浅水区域应采用筑岛方法施工；深水河湖中必须搭设水上作业平台，作业平台应根据施工荷载、水深、水流、工程地质状况进行施工设计，其高程应比施工期间的最高水位高 70 cm 以上。

(2)泥浆护壁成孔时，孔口应设护筒。埋设护筒后至钻孔之前，应在孔口设护栏和安全标志。

(3)护筒应符合下列规定。

1)护筒应坚固、不漏水，内壁平滑、无凸起。

2)护筒内径应比孔径大 20 cm 以上。

3)护筒顶端高程应高于地下水位或施工期间的最高河湖水位 2.0 m 以上，旱地钻孔护筒顶端高程应高出地面 30 cm。

4)护筒底端埋设深度应符合下列规定。

①旱地和浅水域，护筒埋深不宜小于原地面以下 1.5 m；砂性土应将护筒周围 50～80 cm 和护筒底 50 cm 范围内换填并夯实黏性土。

②深水域的长护筒，黏性土应沉入河床局部冲刷线以下 1.5 m；细砂或软土应沉入冲刷线以下至少 4 m。

(4)护壁泥浆应符合下列规定。

1)泥浆原料应为性能合格的黏土或其他符合环保要求的材料。

2)泥浆不断循环使用过程中应加强管理,始终保持泥浆性能符合要求。

3)现场应设泥浆沉淀池,泥浆残渣应及时清理并妥善处理,不得随意排放,污染环境。

4)泥浆沉淀池周围应设防护栏杆和安全标志。

(5)钻孔作业应遵守下列规定。

1)施工场地应平整、坚实;现场应划定作业区,非施工人员禁止入内。

2)施工现场附近有电力架空线路时,施工中应设专人监护。

3)钻机运行中作业人员应位于安全处,严禁人员靠近和触摸钻杆。钻具悬空时严禁下方有人。

4)钻孔过程中,应经常检查钻渣并与地质剖面图核对,发现不符时应及时采取安全技术措施。

5)钻孔应连续作业,建立交接班制,并形成文件。

6)成孔后或因故停钻时,应将钻具提至孔外置于地面上,关机、断电并应保持孔内护壁措施有效,孔口应采取防护措施。

7)钻孔作业中发生坍孔和护筒周围冒浆等故障时,必须立即停钻;钻机有倒塌危险时,必须立即将人员和钻机撤至安全位置,经技术处理并确认安全后,方可继续作业。

8)施工中严禁人员进入孔内作业。

9)冲抓钻机钻孔,当钻头提至接近护筒上口时,应减速、平稳提升,不得碰撞护筒,作业人员不得靠近护筒,钻具出土范围内严禁有人。

10)正、反循环钻机钻孔均应减压钻进,即钻机的吊钩应始终承受部分钻具质量,避免弯孔、斜孔或扩孔。

11)螺旋钻机宜用于无地下水的细粒土层中施工。

12)使用全套管钻机钻孔时,配合起重机安套管人员应待套管吊至安装位置,方可靠近套管辅助就位,安装螺栓;拆套管时,应待被拆管节吊牢后方可拆除螺栓。

(6)同时钻孔施工的相邻桩孔净距不得小于 5 m。两桩(地下部分)之间净距小于 5 m 时,待一桩所浇筑的混凝土强度达 5 MPa 后,方可进行另桩钻孔施工。

怎样才能保障桥梁灌注桩基础施工中人工挖孔的安全?

(1)从事挖孔桩的作业人员必须视力、嗅觉、听觉、心脏、血压正常,必须经过安全技术培训,考核合格方可上岗。

(2)人工挖孔桩施工前,应根据桩的直径、桩深、土质、现场环境等状况进行混凝土护壁结构的设计,编制施工方案和相应的安全技术措施,并经企业负责人和技术负责人签字批准。

(3)施工前,总承包的施工企业应和具有资质的分包施工企业签订专业分包合同,合同中必须规定双方的安全责任。

(4)人工挖孔桩施工前应对现场环境进行调查,掌握以下情况。

1)地下管线位置、埋深和现况。

2)地下构筑物(人防、化粪池、渗水池、坟墓等)的位置、埋深和现况。

3)施工现场周围建(构)筑物、交通、地表排水、振动源等情况。

4)高压电气影响范围。

(5)人工挖孔桩施工前,工程项目经理部的主管施工技术人员必须向承担施工的专业分包负责人进行安全技术交底并形成文件。交底内容应包括施工程序、安全技术要求、现况地下管线和设施情况、周围环境和现场防护要求等。

(6)人工挖孔作业前,专业分包负责人必须向全体作业人员进行详细的安全技术交底,并形成文件。

(7)施工前应检查施工物资准备情况,确认符合要求,并应遵守下列规定。

1)施工材料充足,能保证正常的、不间断的施工。

2)施工所需的工具设备(辘轳、绳索、挂钩、料斗、模板、软梯、空压机和通风管、低压变压器、手把灯等)必须完好、有效。

3)系入孔内的料斗应由柔性材料制作。

(8)当土层中有水时,必须采取措施疏干后方可施工。

(9)人工挖孔桩必须采用混凝土护壁,混凝土等级不得低于C20,厚度不得小于10 cm,必要时可在护壁内沿竖向和环向配置直径不小于6 mm、间距为200 mm钢筋;首节护壁应高于地面20 cm,并形成沿口护圈,护圈的壁厚不得小于20 cm;相邻护壁节间应用锚筋相连。护壁强度达5 MPa后方可开挖下层土方。施工中必须按施工设计规定的层深,挖一层土方施做一层护壁,严禁超规定开挖、后补做护壁的冒险作业。

(10)人工挖孔作业应遵守下列规定。

1)每孔必须两人配合施工,轮换作业。孔下人员连续作业不得超过2 h,孔口作业人员必须监护孔内人员的安全。

2)孔下操作人员必须戴安全帽。

3)桩孔周围2 m范围内必须设护栏和安全标志,非作业人员禁止入内。3 m内不得行驶或停放机动车。

4)严禁孔口上作业人员离开岗位,每次装卸土、料时间不得超过1 min。

5)土方应随挖随运,暂不运的土应堆在孔口1 m以外,高度不得超过1 m。孔口1 m范围内不得堆放任何材料。

6)料斗装土、料不得过满,每斗质量不得大于50 kg。

7)孔口上作业人员必须按孔内人员指令操作辘轳。向孔内传送工具等必须用料斗系放,严禁投扔。

8)必须自上而下逐层开挖,每层挖土深度不得大于100 cm,松软土质不得大于50 cm。严禁超挖。

9)作业人员上下井孔必须走软梯。

10)暂停作业时,孔口必须设围挡和安全标志或用盖板盖牢,白天阴暗时和夜间应设警示灯。

(11)施工中孔口需用垫板时,垫板两端搭放长度不得小于1 m,垫板宽度不得小于30 cm,板厚不得小于5 cm。孔径大于1 m时,孔口作业人员应系安全带并扣牢保险钩,安全带必须有牢固的固定点。

(12)料斗和吊索具应具有轻、柔、软性能,并有防坠装置。每班作业前应检查桩孔和工具,确认安全。

(13)孔内照明必须使用 36 V(含)以下安全电压。

(14)人工挖孔作业中,应检测孔内空气质量,确认符合国家现行标准的规定,并应遵守下列规定。

1)孔内空气中氧气浓度应符合现行《缺氧危险作业安全规程》(GB 8958—2006)的有关规定,有毒有害气体浓度应符合《缺氧危险作业安全规程》中附录 N 的有关规定。

2)现场必须配备专用气体检测仪器。

3)开孔后,每班作业前必须打开孔盖通风,经检测氧气、有毒有害气体浓度在规定范围内并记录,方可下孔作业;检测合格后未立即进入孔内作业时,应在进入作业前重新进行检测,确认合格并记录。

4)孔深超过 2 m 后,作业中应每 2 h 对孔内气体至少检测一次,确认符合规定并记录。

5)孔深超过 5 m 后,作业中应强制通风。

(15)施工现场应配有急救用品(氧气等)。遇塌孔、地下水涌出、有害气体等异常情况,必须立即停止作业,将孔内处人员立即撤离危险区。严禁擅自处理、冒险作业。

(16)成孔验收合格后应立即浇筑混凝土至规定高程。桩顶混凝土低于现状地面时,应设护栏和安全标志。

(17)两桩净距小于 5 m 时,不得同时施工,且一孔浇筑混凝土的强度达 5 MPa 后,另一孔方可开挖。

(18)夜间不得进行人工挖孔施工。

(19)人工挖孔过程中,必须设安全管理人员对施工现场进行检查监控,掌握各桩孔的安全状况,消除隐患,保持安全施工。

(20)挖孔施工中遇岩石需爆破时,孔口应覆盖防护。

(21)人工挖孔施工过程中,现场应设作业区,其边界必须设围挡和安全标志、警示灯,非施工人员禁止入内。

怎样才能保障桥梁灌注桩基础施工中水下混凝土浇筑的安全?

(1)桩孔完成经验收合格后,应连续作业,尽快灌注水下混

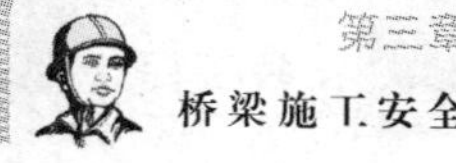

凝土。

(2)浇筑水下混凝土的导管宜采用起重机吊装,就位后必须临时固定牢固方可摘钩。

(3)浇筑水下混凝土漏斗的设置高度应依据孔径、孔深、导管内径等确定。

(4)架设漏斗的平台应根据施工荷载、台高和风力经施工设计确定,搭设完成,经验收合格形成文件后,方可使用。

(5)提升导管的设备能力应能克服导管和导管内混凝土的自重与导管埋入部分内外壁与混凝土之间的黏结阻力,并有一定的安全储备。导管埋入混凝土的深度应符合技术规定。

(6)浇筑混凝土作业必须由作业组长指挥。浇筑前作业组长应检查各项准备工作,确认合格后,方可发布浇筑混凝土的指令。

(7)水下混凝土必须连续浇筑,不得中断。

(8)水下混凝土浇筑过程中,从桩孔内溢出的泥浆应引流至规定地点,不得随意漫流。

(9)在浇筑水下混凝土过程中,必须采取防止导管进水和阻塞、埋管、坍孔的措施。一旦发生上述情况,应判明原因,改进操作,并及时处理。坍孔严重必须立即停止浇筑混凝土,提出导管和钢筋骨架,并按技术要求回填。出现断桩应与设计、建设(监理)等人员研究处理方案。

(10)大雨、大雪、大雾、沙尘暴和风力 6 级(含)以上等恶劣天气,不得进行水下混凝土施工。

(11)浇筑水下混凝土结束后,桩顶混凝土低于现状地面时,应设护栏和安全标志。

怎样才能保障桥梁沉井基础施工中沉井下沉的安全?

(1)沉井下沉前应将井壁上影响下沉的螺栓、插筋等突出物割除。

(2)沉井应连续下沉,尽量减少中途停顿时间。

(3)沉井下沉中应随时观察下沉情况，根据土质、入土深度和偏差情况及时调整除土位置、方法，保持偏差符合要求。

(4)在沉井顶部作业时，应支搭作业平台。作业平台结构应依跨度、荷载经计算确定，支搭必须牢固，临边必须设防护栏杆，使用前应检查，确认合格并形成文件。

(5)排水下沉应遵守下列规定。

1)提升架应进行施工设计，其强度、刚度、稳定性应满足施工安全的要求。使用前应经验收，确认合格并形成文件。

2)除土过程中应设专人排除地下水。

3)人工除土应符合下列要求。

①涌水、涌沙量大时不宜人工除土。

②劳动组织应合理，井内人员不宜过多。

③在刃脚处除土应均匀、对称，保持沉井均衡下沉。

④井内应有充足照明。

⑤沉井内应设安全梯和安全绳；沉井为双室或多室时，各室均应设安全梯和安全绳。

⑥人员不得在刃脚和隔墙附近停留、休息。

⑦作业中应在沉井口设专人监护，确认安全。

4)土方提升时应设专人指挥，井下人员必须撤至安全处。

5)采用抓斗除土时，井内禁止有人。

(6)不排水下沉时，机械除土的最大深度不得超过刃脚标高下2 m，并应均匀、对称进行。松软土质不得直接在刃脚处除土；粉砂、细砂土层，不得降低井内水位，且必须保持井内水头高于井外1 m以上。

(7)采取偏出土和施加外力纠正沉井倾斜时，应在密切观察沉井下沉情况下逐级加载。沉井下沉需配重时，配重应堆码整齐，放置稳固。

(8)高压射水辅助下沉应遵守下列规定。

1)高压泵应完好，压力表使用前必须经校验、标定，高压胶管及其接口应严密。作业前应检查，确认合格。

2)下沉作业应由作业组长指挥。作业前，指挥人员应检查各项准备工作和机械设备，确认安全后，方可向高压泵操作工发出作业指令。

3)高压射水压力宜控制在1～25 MPa。

4)严禁射水嘴对向人、设备和设施。

(9)泥浆套辅助下沉应遵守下列规定。

1)泥浆套应设地表围圈防护。

2)压浆泵应完好,压力表必须经校验、标定,压浆系统各接口应连接牢固。作业前应检查,确认合格。

3)压浆管应通畅,且不可直接冲刷土层。在沉井下沉中应随时补充泥浆,满足需要。井内外水位应一致,或井内水位略高于井外。

4)现场应设泥浆沉淀池,其周围应设防护栏杆;对水泥残渣应妥善处置,不得漫流。

(10)沉井下沉完成后,其顶端低于地面或高于地面1 m以下时,必须在井口四周边缘及时支设防护栏杆和安全标志。

怎样才能保障桥梁沉井基础施工中沉井封底与填充的安全?

(1)沉井下沉完成后,应及时清除浮渣、平整基底。

(2)潜水检查或清理不排水沉井的基底时,应采取防止沉井突然下沉或歪斜的措施。

(3)现场需潜水作业时应遵守下列规定。

1)施工前应根据下潜任务、下潜环境、工作部位、水深等情况制定潜水作业方案和相应的安全技术措施,并按施工组织设计管理规定的审批程序批准后实施。

2)潜水作业应由潜水员操作,潜水员必须经专业培训,持证上岗。

3)作业前工程项目经理部负责人和主管施工技术人员必须向潜水员进行作业任务、环境和安全技术交底,并形成文件。

4)潜水作业条件比较困难的情况下应设一名备用潜水员,必要时下水协助或救援。

5)潜水作业必须配备供潜水员与地面指挥人员联系的通信器

材。通信器材必须完好、有效，作业前必须检查试用，确认合格。

6)潜水员必须按规定配备潜水设备。潜水和加压前应对潜水设备进行检查，确认合格后，方可进行作业。

7)使用氧气呼吸器的潜水深度不得超过 10 m，使用空气呼吸器的潜水深度不得超过 40 m。

8)潜水员的潜水时间应依潜水深度计算确定。

9)潜水作业时，沉井内及其附近不得进行起重吊装作业，在沉井外 2 000 m 内不得进行爆破作业，在沉井外 200 m 内不得进行振动、锤击沉桩作业。

10)潜水作业必须由工程项目经理部负责人现场指挥。作业过程中，指挥人员必须随时与潜水员联系，掌握其安全状况，确认正常；发现异常，必须立即采取安全措施或指令潜水员浮出水面。

11)潜水作业前，必须进行试作业，确认正常。

12)潜水作业时，沉井各室内的水位应一致，沉井内的水位应高于井外的水位。

13)沉井壁上不得有钢筋等外露物。

14)多室沉井潜水作业时，严禁潜水员穿越邻室。

15)沉井内吸泥清基时，吸泥机和高压射水枪的闸阀必须设专人值守，并服从潜水员的指挥；潜水员用手扶持吸泥机作业时，不得用手、脚去探摸吸泥机头部或骑在吸泥机弯头上。

16)水下爆破作业应符合下列要求。

①潜水员应熟悉爆破器材的性能、操作技术和安全要求。

②同一次起爆中，不得使用不同型号的雷管。

③引爆导线与电源之间应安装闸刀开关，设专人值守。

④炸药包密封后，潜水员应将炸药包随身带入水下，不得用绳传递。

⑤发生“瞎炮”时，应切断电源，待 15 min 无异常后，方可下潜处理。

(4)沉井基底经检查验收合格后应及时封底。

(5)封底作业前应在沉井顶部设作业平台。作业平台结构应依跨度、荷载经计算确定，支搭必须牢固，临边必须设防护栏杆，作业前应进行检查，经验收确认合格并形成文件。

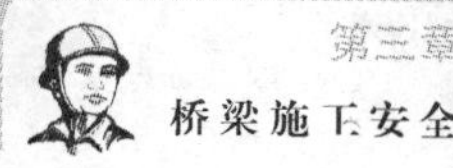

(6)沉井具备填充混凝土施工条件时,应及时进行填充混凝土施工,并应遵守下列规定。

1)作业前应检查作业平台,确认合格。

2)漏斗、下料串管连接应牢固。使用前应检查,确认合格。

3)下料人员应听从井内作业人员的指令。

怎样才能保障桥梁墩台施工的安全?

(1)现浇混凝土墩台。

1)液压滑动模板施工。

①滑模施工应符合现行《液压滑动模板施工安全技术规程》(JGJ 65—1989)的有关规定。

②参加滑模作业的人员必须进行安全技术培训,考核合格方可上岗。

③滑模施工中应经常与当地气象台、站取得联系,遇有雷雨、6级(含)以上大风时,必须停止施工,并将作业平台上的设备、工具、材料等固定牢固,人员撤离,切断通向平台的电源。

④采用滑模施工的墩台周围必须划定防护区,警戒线至墩台的距离不得小于结构物高度的1/10,且不得小于10 m。不能满足要求时,应采取有效的安全防护措施。

⑤滑模施工应根据墩台结构、滑模工艺、使用机具和环境状况对滑模进行施工设计,制订专项施工方案,采取相应的安全技术措施。

⑥液压滑动模板应由具有资质的企业加工,具有合格证和全部技术文件,进场前应经验收确认合格,并形成文件。

⑦滑升作业前,应检查模板和平台系统,确认符合设计要求;检查电气接线,确认符合《施工现场临时用电安全技术规范》(JGJ 46—2005)的规定;检查液压系统,确认各部油管连接牢固、无渗漏,并经试运行确认合格,形成文件。

⑧滑模系统应由专业作业组操作,经常维护,发现问题及时处理。

⑨浇筑和振捣混凝土时不得冲击、振动模板及其支撑;滑升模板时不得进行振捣作业。

⑩滑升过程中,应随时检查,保持作业平台和模板的水平上升,发现问题应及时采取措施。

⑪夜间施工应有足够的照明。便携式照明应采用 36 V(含)以下的安全电压。固定照明灯具距平台不得低于 2.5 m。

⑫拆除滑模装置必须按专项方案规定进行。

2)现浇混凝土柱式墩台施工。

①V 形柱混凝土应对称浇筑。

②帽梁的悬臂部分混凝土应从悬臂端开始浇筑。

③在墩柱上设预埋件支承模板时,预埋件构件应由计算确定。

④混凝土入模时,卸料位置下方严禁有人。

⑤人员在狭小模板内振捣混凝土,应轮换作业,并设人监护。

3)混凝土墩台改建。

①顶升(卸落)用的千斤顶应完好、有效。使用前应进行检查、试用,确认合格。

②千斤顶顶升(卸落)作业时,必须备保险垫木,当主梁顶升(卸落)高度符合要求时,立即在墩台上放入保险垫木,待确认垫木稳固后,方可落梁。严禁千斤顶长时间承重。

③同一端顶升(卸落)使用的千斤顶规格、型号应一致,顶升(卸落)时,起落速度应均匀、一致,每次升降行程不得大于 10 cm。

④两端主梁顶升(卸落)应对称、交错进行,不得同步升(降)。

⑤新浇筑的墩台混凝土达到设计规定强度后,方可安装主梁。

⑥原墩台不全部拆除时,不宜采用爆破方法进行。

(2)装配式墩柱、盖梁。

1)起重机安设墩柱准确就位后应用硬木楔或钢楔固定,并应采取支撑措施,经检查柱体稳定并符合要求后,方可摘除吊钩。

2)墩柱安装后应立即浇筑杯口一次混凝土;待混凝土达规定强度后,方可拆除硬楔,浇筑二次混凝土;待杯口全部混凝土达到设计强度的 75%后,方可安装盖梁和拆除支撑。

3)在墩柱上安装预制盖梁,应对墩柱采取临时稳固措施。

4)预制盖梁就位后,应及时浇筑接头混凝土。接头混凝土达到设计强度后方可拆除墩柱的临时稳固设施。

5)采用预制混凝土管做柱墩外模时,混凝土管节安装就位后,应对其采取竖向稳固措施,保持浇筑混凝土时管模的稳定。

(3)支座安装。

1)施工组织设计中,应根据支座的种类、质量、安装高度规定支座安装方法、使用机具和相应的安全技术措施。

2)支座应在架梁前安装完成,并验收合格,形成文件。

3)较重的支座应采用起重机吊装。吊装支座时,当支座吊至距支承面上 50 cm 时,支座安装人员方可靠近,利用工具配合支座就位。

4)支座安设中使用环氧树脂砂浆或浆液时,应按设计和原材料使用说明书的要求配置,配置现场应通风良好,作业人员应按规定佩戴防护用品。

(4)回填土。

1)桥台结构强度达到设计规定后,方可进行台背和锥坡回填土。台背与锥坡应同时回填土。

2)轻型桥台应待盖板和支撑梁安装完成并达到规定强度后,方可进行台背回填土。二端桥台的台背回填土应对称进行,高差不得大于 30 cm。

3)门形刚构应两端对称、同步回填土。

4)拱桥台背填土宜在主拱安装或砌筑前完成。

怎样才能保障桥梁立柱施工的安全?

(1)立柱脚手架。

立柱脚手架搭设施工作业除应执行《建筑施工扣件式钢管脚手架安全技术规范》(JGJ 130—2011)的规定外,尚应遵守下列要求。

1)市政工程的立柱脚手架,应按施工组织设计要求采用 $\phi48\times3.5$ mm 脚手钢管及相应的扣件进行搭设,为双排脚手架。严禁将外径 48 mm 与 51 mm 的钢管混合使用。

2)立杆的基础必须平整,回填土应夯实,每根立杆底部必须设置底座或垫板，垫板的厚度应不小于 5 cm，且为统长木板，其长度至少能够到两跨（根）立杆。

3）脚手架必须设置纵、横向扫地杆，纵向扫地杆应采用直角扣件固定在距底座上皮不大于 200 mm 处的立杆上。横向扫地杆亦应采用直角扣件固定在紧靠纵向扫地杆下方的立杆上。当立杆基础不在同一高度时，必须将高处的纵向扫地杆向低处延长两跨并与立杆固定、高低差不应大于 1 m。靠边坡上方的立杆轴线到边坡的距离不应小于 500 mm。

4）脚手架底层步距不应大于 2 m。

5）脚手架搭设到顶层必须做好封头，形成外立杆。高于内立杆 1 m，顶层施工面作业平台内、外侧四周必须设置上栏杆高度为 1.2 m、下栏杆高度为 0.6 m 的防护栏杆，并按规定安装挡脚板，用密目网封闭。

6）脚手架的施工作业通道，必须用竹笆或脚手架板满堂铺设，防止竹笆滑动和脚手板翘头。

7）立柱脚手架搭设过程中应进行立杆基础验收和架体的分步验收，经验收合格挂牌后，方可进入下道工序施工。

8）脚手架拆除时，必须设立警戒区并有专人看管，自上而下，逐步下降进行，在拆除时严禁向下抛掷物件，并做好落物清理工作。拆除涉及相邻脚手架时，必须保证相邻脚手架各类杆件及防护设施的完善。

9）脚手架施工面外侧及危险部位必须设置醒目的安全警告标志；架体内设灭火器材，夜间脚手架施工必须配备足够的照明。

（2）斜道的搭设。

1）斜道上的底笆应采用质优的且较厚实的竹笆进行铺设，竹笆接头处应采用下一块竹笆叠在上一块竹笆上方的方法搭接，不能倒置。

2）斜道底笆上的防滑条应采用 3 cm×3 cm×80 cm 的木条，不能采用层压板条，防滑条之间隔应不大于 40 cm，防滑条全长至少有 3 点绑扎固定。

3）运料斜道的宽度不宜小于 1.5 m，坡度宜采用 1∶6；人行斜道的宽度不易小于 1 m，坡度宜采用 1∶3。两侧、平台外围和端部均应设置围护栏杆及挡脚板；每两步应架设水平斜杆或连墙件，按要求设横向剪刀撑，并应符合《建筑施工扣件式钢管脚手架安全技术规范》(JGJ 130—2011)规定。

4)斜道的拐角处应设置平台，其宽度不小于斜道宽度。

5)斜道平台两侧及平台外围均应设置防护栏杆及挡脚板，上栏杆高度为 1.2 m，居中栏杆高度为 0.6 m，挡脚板高度不应小于 180 mm。

(3)连墙件。

1)宜靠近主节点处设置，偏离主节点的距离不应大于 300 mm。

2)对于高度在 24 m 以下的双排脚手架宜采用刚性连墙件与建筑物可靠连接，亦可采用拉筋和顶撑相配合使用的附墙连接方式，严禁使用仅有拉筋的柔性连墙件；对于高度在 24 m 以上的双排脚手架，必须采用刚性连墙件与建筑物可靠连接。

3)连墙件必须采用可承受拉力和压力的构造。

4)拉筋宜采用两根以上直径 4 mm 的钢丝拧成一股，使用时应不少于 2 股，亦可采用直径不小于 6 mm 的钢筋。

(4)立柱模板的吊装与拆除。

1)立柱模板的吊装主要依靠起重机，高处起重作业时应设定统一指挥，指挥人员及其他作业人员应在脚手架临边防护范围内进行作业。

2)当起重机使用到其安全性能的极限时，严禁操作人员关闭或拆卸起重机的安全控制装置进行吊装作业。

3)立柱钢模的拆模，应先使立柱钢模与立柱混凝土结构脱离，再采用，起重机配合吊运，不得在钢模与立柱结构未完全脱离的情况下，采用起重机硬拔。

4)立柱钢模应堆放在坚实平整的地面上，并用垫木垫平垫稳，不得倾斜。

怎样才能保障桥梁盖板施工的安全？

(1)盖梁施工搭设脚手架应严格依照设计进行。

(2)脚手架一般采取在底模每边挑出1 m左右的宽度，铺设底面行走脚手架和临边防护。

(3)若盖梁自身较高，应铺设双层操作脚手架，并用密目式安全网围护。

怎样才能保障桥梁构件运输和堆放施工的安全？

(1)构件运输。

1)平板车或活络平板车运输。

①预制构件起吊装车时，混凝土强度必须达到有关规定。

②塔式起重机两点吊装上车时，起吊应垂直，两台塔式起重机应同步。一台起重机吊装时，两根钢丝绳夹角应小于45°。起吊及卸车工作应在专职人员指挥下缓慢进行，以免构件碰撞损坏，或者发生事故。

③预制构件装车时，应该在设计规定的吊点下设支点，支点可用方木等垫实，并与车身固定。对T型梁等易倾覆预制构件运输时，应有抗倾覆措施，可在支点处设木结构托架或钢结构托架，保证运输途中的稳定。

④对槽型梁、T型梁等横向刚度较差的构件，宜选择平板车运输，以免在运输途中受侧向力等影响使构件产生裂缝。如构件长度超过平板车本身长度，要在平板车上设钢托架但运输时的倾覆力矩必须验算。

⑤构件运输时，应预先了解运输途中的路况。了解范围包括路面、路宽、沿途各转弯点半径、桥梁限载、跨路电气线高度及电压等情况，选择最佳运输路线。超重车辆过桥时，应办理有关过桥手续。对城市内超长构件运输，还必须进行交通组织，如设置引道车、局部封锁交通等。

2)船运。

①大梁上船时，跑道应在船的重心线附近对称设置，跑道设置两头高差应一致。船只构件支点处应用方木垫实，构件和船应固定，对T型梁应设置托架以防失稳。

②预制桩上船堆放应对称、均匀进行，桩吊点处设支承道木，卸船必须均匀对称进行以免船体失稳。

③压舱应在船两侧及前后对称布置，以免船只倾斜过大。

④应避免在风浪过大的情况下运输，以免造成意外事故。

(2)构件堆放。

1)构件堆放场地应平整、坚实，不积水。

2)堆放构件应根据构件受力情况、形状选择平放或立放。

3)构件堆放高度应依构件形状、强度、地面耐压力和堆放稳定状况而定，且梁不得超过二层；板不得超过 2 m。垫木应放在吊点下，各层垫木的位置应在同一竖直线上，同一层垫木厚度应相等。

4)堆放 T 型梁、工字梁、桁架梁等大型构件时，必须设斜撑。梁底垫木的断面尺寸应根据构件质量和地面承载能力确定，长度不得超过构件宽度的 30 cm。

5)构件预留连接筋的端部应采取防止撞伤现场人员的措施。

6)构件堆放场地应设护栏，夜间应加设警示灯。

怎样才能保障桥梁构件吊装施工的安全？

(1)起重机吊装。

1)作业前施工技术人员应了解现场环境、电力和通信等架空线路、附近建(构)筑物和被吊梁等状况，选择适宜的起重机，并确定对吊装影响范围的架空线、建(构)筑物采取的挪移或保护措施。

2)作业场地应平整、坚实。地面承载力不能满足起重机作业要求时，必须对地基进行加固处理，并经验收确认合格。

3)吊装作业必须设信号工指挥。指挥人员必须检查吊索具、环境等状况，确认安全。

4)吊梁作业前应划定作业区，设护栏和安全标志，严禁非作业人员入内。

5)吊装时，吊臂、吊钩运行范围，严禁人员入内。严禁超载。

6)吊装时应先试吊，确认正常后方可正式吊装。

7)现场配合吊梁的全体作业人员应站位于安全地方，待吊钩和

梁体离就位点距离 50 cm 时方可靠近作业，严禁位于起重机臂下。

8)吊装中遇地基沉陷、机体倾斜、吊具损坏或吊装困难等，必须立即停止作业，待处理并确认安全后方可继续作业。

9)构件吊装就位，必须待构件稳固后，作业人员方可离开现场。

10)大雨、大雪、大雾、沙尘暴和风力 6 级(含)以上等恶劣天气，不得进行露天吊装。

(2)人字扒杆起吊。

1)人字扒杆必须有足够起重量和起重高度(包括构件高度、索具高度、起吊后安全余地等)。

2)起重滑车必须安放在人字扒杆的交叉中心。

3)缆风绳应设在交叉点处，后缆风绳不少于 2 根，且宜设立滑车组缆风绳，缆风绳夹角控制在 45°～60°之间，坡度一般考虑 2∶1。

4)扒杆主杆夹角应控制在 20°～30°以内，两脚用钢丝绳绊住，扒杆脚下要加枕木或方木，不要垫木板。

5)起吊前对构件要加设溜绳防止构件撞击。

6)缆风绳、卷扬机、地锚(地垄)设置须经过计算，且要留有一定的安全系数。

7)起重卷扬机须和扒杆脚导向滑车垂直。

8)如需斜吊时，扒杆侧向加设旁风绳，防止扒杆侧翻，但扒杆的前倾值，不得大于扒杆高度的 1/10。

9)操作前要进行试吊，试吊后对各部件、地锚、卷扬机(制动)及索具进行检查，必要时进行加固处理以确保安全。

(3)浮运安装。

1)大型预制构件特别是大梁上船一般都为大梁顶头上船，上船时有一定难度，关键要掌握好船体自身稳定。大型构件上船时，为了避免船的一侧受力过大，应在构件跑道的形式上采取措施，亦即在河岸一侧支架和两船中心支架用大方木连接垫实，此时，方木作为承力结构(又为跑道)呈简支状态，这样对船只稳定较有利。对超大型构件的上船，构件可设工字钢跑道，甚至可用贝雷架和万能构件行架作导梁。在施工方案设想时，支架及跑道还要便于拆除。

2)船只摆渡安装构件时，其运行动力一般为卷扬机，有时也用船上原有绞盘安装构件。用钢丝绳拖运时，卷扬机设置和锚缆对

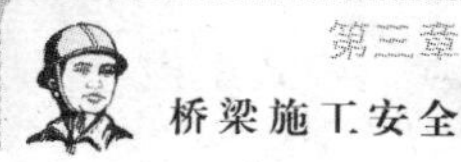

应。锚缆一般设置4根上下水缆，2根牵引缆，设置数量不得少于6根，通过调整卷扬机(或绞盘)钢丝绳的收、放带动船只前进。

3)钢丝绳要捆紧，防止经常受水冲击后松动造成事故，钢丝绳的选择应根据船只的大小来选用。捆绑的钢丝绳一定要排列整齐，以便收紧。

4)捆船完成后应进行压舱，两只船压舱要均匀，在单边受力的情况下要通过调整两只船压舱重量，使两船保持同一水平高度。压舱物应选择重量大，体积小的物体，使重心降低。

5)除了注意船之间的压舱平衡外，还要注意船只前后舱的平衡。

6)不得使用腐朽木料做地锚木，生根钢丝绳和钢筋在吊装负重时，处在拉、压、弯、剪、疲劳等复杂受力情况下，往往被拉成极度弯曲的形状。因此，对生根钢丝绳的索环，无论是编接或卡接的，都要牢固可靠。对钢筋环要焊接良好，单面搭接焊的焊缝长度要大于10倍钢筋的直径，还要有足够的抗拉和抗剪能力。生根钢丝绳的方向应尽量与受力方向一致，以便更好地发挥其受拉性能。

7)锚的埋设点要比较平整，不潮湿，不积水。地锚埋设后要经过试拉，使用时要专人检查，以便及时抢修，防止事故的发生。

怎样才能保障桥梁顶进桥涵中顶进施工的安全?

(1)桥涵顶进条件。

1)桥涵结构已经验收确认合格并形成文件。

2)后背和顶进设备已安装完毕，经验收和试运转确认合格，并形成文件；现浇混凝土或砌体结构后背的强度已达到设计规定，并形成文件。

3)顶进作业区的地下水位已降至基底50 cm以下。

4)铁路或道路、公路加固已按加固设计完成，并经其管理单位验收合格，形成文件。

5)桥涵顶进中的应急物资已准备就绪。

6)顶进铁路桥涵时，铁路加固设施的监护、调整人员已到位，列车慢行调令已下达。

(2)顶进设备。

1)顶进设备安装前应经检查,确认液压动力系统无漏油、仪表灵敏可靠;传力系统结构符合设计规定;电气接线符合规定。

2)液压泵站应设置在与顶进、运输无干扰的位置。

3)传力系统配置应遵守下列规定。

①传力柱、顶铁、钢横梁的强度、刚度和稳定性应满足最大顶力的要求。

②传力柱、顶铁、钢横梁、拉杆和锚具应按施工设计规定布置。

③传力柱、顶铁的中心线应与顶力轴线一致,钢横梁应与顶力轴线垂直。

④顶铁与传力柱相接处、两节传力柱对接处,应设置钢横梁,加强横向约束,保持纵向稳定。

⑤千斤顶不得直接与顶铁或传力柱顶接,应通过钢横梁传力。

4)液压系统应按生产企业提供的使用说明书操作。

5)顶进设备安装完成后,应经检查、验收,并经试运转确认合格,方可投入使用。

(3)桥涵顶进。

1)液压泵站应经空载试运转,确认电气、液压系统、监测仪表、传力系统正常后,方可开始顶进。

2)千斤顶与传力结构顶紧后,应暂停加压,再次检查顶进设备和后背,确认正常后,方可逐级加压顶进。

3)顶进中,监测人员应严密监测千斤顶、传力柱、顶铁、钢横梁、后背、滑板、桥涵结构等各部位的变形情况,发现异常情况,必须立即停止顶进,待采取措施确认安全后,方可继续顶进。

4)顶进中,不得对千斤顶、传力柱、顶铁进行调整;不得敲击垫铁。调整或置换传力柱、顶铁、垫铁时,必须将千斤顶退回零位。

5)顶进中,不得进行挖土作业。

6)顶进中,非施工人员不得进入工作坑内,施工人员不得靠近顶铁。

7)顶进必须在火车运行间隙或道路、公路暂停通行时进行。

8)铁路桥涵顶进作业应与铁路加固作业密切配合,顶进前铁路加固人员应及时松开桥涵顶部加固的支撑木楔，减少摩阻，防止路线推移。火车到达前应打紧木楔。

9)采用解体方法进行桥涵顶进时，接缝处应设置钢板遮盖。

10)采用顶拉法作业时，拉杆两侧和两端均不得有人；每一顶程结束后，应检查拉杆的锚固情况，确认正常后方可进行下一循环顶进。

11)桥涵顶进中，应设专人指挥机械和车辆，协调挖土、运土和顶进操作人员的相互配合关系。指挥人员应位于安全地点，随时观察机械、车辆周围状况及时疏导人员，维护现场人员的安全。

12)穿越道路、公路的桥涵顶进施工中，应在道路、公路上设专人值守。值守人员必须按顶进指挥人员的指令控制交通，严禁擅离工作岗位。特殊情况，需开放交通时，应先取得指挥人员的同意。

(4)挖土。

1)严格按施工组织设计的规定开挖，土体开挖坡度应符合规定，严禁超挖。

2)挖土必须符合铁路或道路、公路管理部门的规定。

3)挖土施工中应随时观测土体稳定状况，发现异常应及时采取措施，当发现路基塌方影响行车安全时，必须立即停止挖土，报告铁路或道路、公路管理部门，并组织抢险，保持路基稳定。

4)挖土必须在火车运行间隙或道路、公路暂停通行时进行；火车、汽车通过时施工人员应暂离开挖面。

5)桥涵和基坑内运输道路应平坦、无障碍，跨路电缆线应套钢管保护。

怎样才能保障桥梁地袱、栏杆和隔离墩施工的安全？

(1)地袱、栏杆施工过程中，应在桥下设防护区，在开放交通的施工区域应设专人疏导交通。

(2)地袱施工完毕应及时进行栏杆施工。

(3)预制栏杆安装应随安装随固定，并在内侧桥面上设安全标志。混凝土预制栏杆应待砂浆达到规定强度方可拆除标志；钢制栏

杆应焊接牢固后方可拆除标志。

(4)现浇混凝土和圬工砌体栏杆，在混凝土和砂浆达设计规定强度前应在内侧桥面上设立并保持安全标志。

(5)用自制吊具安装构件时，应遵守下列规定。

1)自制吊具应由专业技术人员设计，由项目经理部技术负责人核准。

2)自制吊具宜在加工厂由专业技工制作，经质量管理人员跟踪检查，确认各工序合格并形成文件。

3)制作完成后必须经验收、试吊，确认合格并形成文件。

4)自制吊具应纳入机具管理范畴，由专人管理，定期检修、维护，保持完好。

5)使用前作业人员必须对其进行外观检查、试用，确认安全。

(6)组焊加工的金属栏杆安装前，应将毛刺磨平。栏杆焊接必须由电焊工进行，且作业点及其下方 10 m 范围内不得堆放易燃、易爆物。

(7)不锈钢栏杆焊制应遵守下列规定。

1)不锈钢焊工除应具备电焊工的安全操作技能外，必须熟练地掌握氩弧焊、等离子切割、不锈钢酸洗钝化等方面的安全防护和操作技能。

2)焊接作业应符合下列要求。

①不锈钢焊接采用“反接极”，即工件接负极，必须确认焊机的正负极性后方可操作，不得误接。

②停止作业时必须将焊条头取下或将焊把挂起，严禁乱放，造成焊条药皮脱落。

3)使用砂轮打磨焊缝坡口和清除焊渣前，必须经检查确认机具完好，砂轮片安装牢固；操作人员必须戴护目镜。

4)氩弧焊应符合下列要求。

①手工钨极氩弧焊，电源应采用直流正接，工件接正，钨极接负。

②用交流钨极氩弧焊机焊接，应采用高频为稳弧措施，并应采取防止高频电磁场刺激操作人员双手的措施。

③加工场所必须有良好的自然通风或换气装置，露天作业时操

作人员应位于上风向，并应间歇作业。

5)打磨钨极棒时，必须戴防护口罩和护目镜，接触钨极棒的手必须及时清洗，钨极棒必须存放在有盖的铅盒内，由专人保管。

6)酸洗和钝化应符合下列要求。

①操作人员必须穿防酸工作服，戴防护口罩、护目眼镜、乳胶手套并穿胶鞋。

②酸洗钝化作业中使用钢丝刷子刷焊缝时，应由里向外刷，不得来回刷。

③氢氟酸等化学物品必须妥善保管，规定严格的领料手续。

④酸洗钝化后的废液必须经专门处理，严禁乱倒。

⑤患呼吸系统疾病者，不宜从事酸洗操作。

7)等离子切割必须符合氩弧焊的安全操作规定，焊弧停止后不得立即检查焊缝。

怎样才能保障桥梁桥面防水施工的安全？

(1)防水工必须经专业培训，持证上岗。

(2)作业时操作人员应穿软底鞋、工作服应扎紧袖口，并佩戴手套和鞋套。涂刷处理剂和胶黏剂时必须戴防护口罩和防护眼镜。

(3)患有皮肤病、眼病和刺激过敏者不得参加防水作业。施工中发生恶心、头晕、过敏等应停止作业。

(4)防水材料应存放在专用库房，严禁烟火并有醒目的标志和防火措施。

(5)装卸盛溶剂(如苯、汽油等)的容器，必须配软垫，搬运时不得猛推、猛撞。取用溶剂后，容器盖必须及时盖严。

(6)清洗工具未用完的溶剂必须装入容器，并将盖盖严。

(7)防水卷材采用热熔粘接时，现场应配有灭火器材，周围30 m范围内不得有易燃物。

(8)严禁非作业人员进入防水作业区，涂料作业操作人员应站位于上风向，且不得在雨、雪和5级(含)风天气操作。

(9)需热沥青防水作业应遵守下列规定。

1)热沥青宜由沥青加工厂配置。

2)现场熬制沥青应遵守关于熬制沥青区域的规定。

3)热沥青防水施工必须纳入现场用火管理范畴,用火作业前必须申报,经消防管理人员检查,确认现场消防安全措施落实,并签发用火证后方可进行用火作业;作业后,必须熄火,确认安全后作业人员方可离开现场。

4)装运热沥青不得超过容器盛装量的2/3。

5)使用喷灯时应清除作业场地内的易燃物,并按消防部门的规定配备消防器材。

6)高温天气不宜作业。

7)作业人员必须按规定使用防护用品。

(10)在桥下有社会交通时,桥面防水施工中,应在桥下设防护区,并设专人疏导交通。

怎样才能保障桥梁桥面与人行道铺装施工的安全?

(1)沥青混凝土桥面铺装,应使用静作用压路机,严禁使用振动型压路机。

(2)水泥混凝土桥面铺装,其厚度、强度和钢筋位置应严格执行设计规定。

(3)塑胶桥面铺装应遵守下列规定。

1)施工前应学习塑胶原材料产品说明书,并根据原材料的物理、化学性能采取相应的安全技术和防护措施。

2)材料应存放在专用库房,由专人管理。

3)作业现场应按消防部门规定配备消防器材,严禁烟火。

4)作业人员必须按规定使用防护用品。

(4)人行步道铺装应平整、粗糙、具有良好的防滑性能,其施工应在栏杆安装完成,并达到规定强度方可进行;施工时铺装材料应码放整齐,高度不得超过1 m。

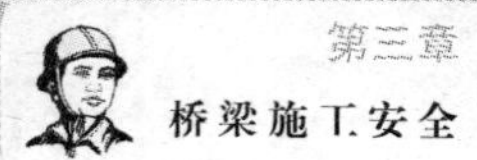

怎样才能保障桥梁桥面伸缩装置施工的安全？

(1)桥面伸缩装置应符合下列规定。

1)伸缩装置应与桥梁伸缩量相匹配。

2)伸缩装置应具有足够的强度，能承受与桥梁设计标准相一致的荷载。

3)城市桥梁伸缩装置应具有良好的防水、防噪音性能。

(2)伸缩装置安装前，应检查、修整梁端预留缝间隙，缝宽应符合设计要求，上下应贯通，不得堵塞。

(3)安装伸缩装置时应按当时的气温确定安装定位值。

(4)伸缩装置应从桥的一端向另端逐条安装牢固。锚固段混凝土应振捣密实，强度符合设计规定。

(5)施工中应根据伸缩装置的质量、长度选择适宜的运输车辆和吊装机械。运输超长伸缩装置前，应与道路交通管理部门研定运输方案，并经批准。

(6)采用热拌材料填充伸缩缝隙时，作业人员应按规定使用防护用品。

(7)桥面伸缩装置施工过程中，应在施工区外设围挡或护栏和安全标志，夜间和白天阴暗时应加设警示灯。

(8)在通行桥梁上安装伸缩缝装置时，宜断绝交通施工。需边通车边施工时，在施工期间必须在作业区边缘设围挡或护栏和安全标志，白天阴暗时和夜间须设警示灯；作业中应设专人疏导交通。

第四章 市政给水排水施工安全

怎样才能保障管道基坑降排水施工的安全？

(1)地表水排除。

1)施工现场水域周围应设护栏和安全标志。

2)进入水深超过 1.2 m 水域作业时，必须选派熟悉水性的人员，并应采取防止发生溺水事故的措施。

3)离心泵运转中严禁人员从机上越过。

4)潜水泵运转时 30 m 水域内，人、畜不得入内。

(2)排水井排水。

1)排水沟应随沟槽基坑的开挖及时超前开挖，其深度不宜小于 30 cm，并保持排水通畅。

2)排水沟开挖过程中，遇土质不良，应采取护坡技术措施，保持排水沟和沟槽、基坑的边坡稳定。

3)修建排水井应设安全梯；井底高程，应保证水泵吸水口在动水位以下不小于 50 cm。

4)安装预制井筒时，井内严禁有人。

5)井内环境恶劣时，人工掏挖应轮换作业，每次下井时间不宜大于 1 h；掏挖作业时，井上应设专人监护。

6)掏挖过程中，应随时观察土壁和支护的变形、稳定情况，发现土壁有坍塌征兆和支护位移、井筒裂缝和歪斜现象，必须立即停止作业，并撤至地面安全地带，待采取措施，确认安全后方可继续作业。在孔口 1 m 范围内不得堆土(泥)。

(3)轻型井点降水。

1)施工场地应平整、坚实，道路通畅，作业空间应满足冲孔机械设备操作的要求。

2)冲孔时应设专人指挥,并划定作业区。非操作人员不得入内。

3)作业中,严禁高压水枪对向人、设备、建(构)筑物。

4)吊管时,吊点位置应正确,吊索栓系必须牢固,保持吊装稳定;吊管下方禁止有人。

5)降水过程中,应按技术要求观测其真空度和井水位,发现异常应及时采取技术措施,保持正常降水。

6)多层井点拆除,必须自底层开始逐层向上进行。当拆除下层井点时,上层井点不得中断抽水。

7)拔除井点管时应先试拔,确认松动后,方可将井管抽出,不得强拔、斜拔。

(4)管井井点降水。

1)井管安装时,吊点位置应正确,吊绳必须拴系牢固,并用控制绳保持井管平衡。向孔内下井管时,严禁手脚伸入管与孔之间。

2)管井井口必须高出地面,并不得小于 50 cm。井口必须封闭,并设安全标志。当环境限制不允许井口高出地面时,井口应设在防护井内;防护井井盖应与地面同高;防护井必须盖牢。

3)向井管内吊装水泵时,应对准井管,不得将手脚伸入管口,严禁用电缆做吊绳。

4)深水泵在试运转过程中,有明显声响、不出水、出水不连续和电流超过额定值等情况,应停泵查明原因,排除故障后方可投入使用。

怎样才能保障管道沟槽、基坑开挖施工的安全?

(1)挖土必须自上而下分层进行,严禁掏洞挖土。

(2)挖土时应按施工设计规定的断面开挖。当土质发生变化边坡可能失稳时,必须采取保护边坡稳定的措施后,方可继续开挖。

(3)在天然湿度的土质地区,地下水位低于开挖基面 50 cm 以下,可开直槽,不设支撑,但槽深不得超过表 4—1 的规定。

表 4－1　无支撑直槽开挖最大深度

序号	土壤(围岩)类别	开挖最大深度(m)
1	湿软亚砂、粉质黏土	0.80
2	亚砂土	1.25
3	黏土	1.50
4	坚实的黏土或干黄土	2.00

注：直槽应根据土质情况设坡度，且不得陡于 1∶0.05。

(4)当地质条件良好，土质均匀，地下水位低于开挖基面 50 cm 以下，槽深在 5 m 以内，槽边无荷载时，不设支撑的槽壁坡度应符合表 4－2 的规定。

表 4－2　槽边无荷载，不设支撑的槽壁坡度

序号	土质种类	槽壁坡度	
		深度＜3 m	深度 3～5 m
1	砂土	1∶0.75	1∶1.00
2	粉质砂土	1∶0.50	1∶0.67
3	粉质黏土	1∶0.33	1∶0.50
4	黏土	1∶0.25	1∶0.33
5	干黄土	1∶0.20	1∶0.25

(5)开挖中对沟槽、基坑影响范围内的已建地下管线和建(构)筑物应采取保护措施，并经常维护，保持完好。

(6)在有支护的沟槽、基坑内挖土时，应采取防止碰撞支护的措施。

(7)作业间歇时，严禁在沟槽、基坑内休息。

(8)挖除旧道路结构应遵守下列规定。

1)现场应划定作业区，设安全标志，非作业人员不得入内。

2)作业中人员应避离运转中的机具。

3)使用液压振动锤时，严禁将锤对向人、设备和设施。

4)使用风钻应符合下列要求。

①作业时，空压机操作工应服从风钻操作工的指令。

②风钻运行时，严禁将钻头对向人、设备和设施。

③风钻检修时，必须停机、卸压，确认安全后，方可检修。

④风钻停止作业后，必须关机、断风、卸压。

(9)挖掘机挖土应遵守下列规定。

1)严禁挖掘机在电力架空线路下方挖土,需在线路一侧作业时,应设专人监护。

2)在距直埋缆线 2 m 范围内必须人工开挖,严禁机械开挖,并约请管理单位派人现场监护。

3)在各类管道 1 m 范围内应人工开挖,不得机械开挖,并宜约请管理单位派人现场监护。

4)挖土时应设专人指挥。指挥人员应在确认周围环境安全、机械回转范围内无人员和障碍物后,方可发出启动信号。挖掘过程中指挥人员应随时检查挖掘面和观察机械周围环境状况,确认安全。

(10)使用推土机推土应遵守下列规定。

1)在深沟槽、基坑或陡坡地区推土时,应有专人指挥,其垂直边坡高度不得大于 2 m。

2)两台以上推土机在同一地区作业时,前后距离应大于 8 m,左右相距应大于 1.5 m;在狭窄道路上行驶时,未经前机同意,后机不得超越。

(11)人工挖槽应遵守下列规定。

1)槽深超过 2.5 m 时应分层开挖,每层的深度不宜大于 2 m。

2)多层沟槽的层间平台宽度,未设支撑的槽与直槽之间不得小于 80 cm,安装井点时不得小于 1.5 m,其他情况不得小于 50 cm。

3)操作人员之间必须保持足够的安全距离,横向间距不得小于 2 m,纵向间距不得小于 3 m。

4)层间平台应随时清理,并检查边坡,确认稳定。

怎样才能保障管道沟槽、基坑支护施工中钢木支护的安全?

(1)支护材料。

1)支护材料的材质、规格、型号应满足施工设计要求。

2)木质支护材料的材质应均匀、坚实,严禁使用劈裂、腐朽、扭曲和变形的木料。

3)严禁使用断裂、破损、扭曲、变形和腐蚀的钢材。

4)现场支护材料应分类码放整齐,不得随意堆放。支护时,应随支设随供应,不得集中堆放在沟槽、基坑边上。运入槽、坑内的材料应卧放平稳。

(2)使用起重机运送支护材料。

1)作业时,必须由信号工指挥。起吊前,指挥人员应检查吊点、吊索具和周围环境状况,确认安全。

2)吊运时,沟槽上下均应划定作业区域,非作业人员禁止入内。

3)起重机、吊索具应完好,防护装置应齐全有效。作业前应检查、试运行,确认符合要求。

4)运输车辆和起重机与沟槽、基坑边缘的距离应依荷载、土质、槽深和槽(坑)壁状况确定,且不得小于1.5 m。

5)严禁起重机械超载吊运。

6)起吊时,钢丝绳应保持垂直,不得斜吊。

7)作业时,机臂回转范围内严禁有人。

8)吊运材料距槽底50 cm时,作业人员方可靠近,吊物落地确认稳固或临时支撑牢固后方可摘钩。

(3)人工运送支护材料。

1)系放时,应根据系放材料的质量确定绳索直径,绳索应坚固,使用前应检查确认符合要求。

2)使用溜槽溜放时,溜槽应坚固,且必须支搭牢固,使用前应检查,确认合格。

3)手工传送时,应缓慢,上下作业人员应相互呼应,协调一致。

4)运送材料过程中,被运送物下方严禁有人,槽内作业人员必须位于安全地带。

5)严禁向沟槽、基坑内投掷和倾卸支护材料。

(4)预钻孔埋置桩施工。

1)钻孔应连续完成。成孔后,应及时埋桩至施工设计高度。

2)使用机械吊桩时,必须由信号工指挥。吊点应符合施工设计规定。作业时,应缓起、缓转、缓移,速度均匀并用控制绳保持桩平稳。向钻孔内吊桩时,严禁手、脚伸入桩与孔壁间隙。

3)埋置桩间隔设置时,相邻两桩间的土壁在土方开挖过程中,应及时安设挡土板，或挂网喷射护壁混凝土。

4)挡土板安设应符合下列要求。

①挡土板拼接应严密。

②挡土板后的空隙应填实。

③挡土被两端的支撑长度应满足施工设计要求。

5)当桩、墙有支撑或土钉时，支撑、土钉施工应符合下列要求。

①施工中，应按照施工设计规定的位置及时安设撑杆或土钉。

②支撑或土钉作业应与挖土密切配合。每层开挖的深度，不得超过底部撑杆或土钉以下 30 cm 或施工设计规定的位置。

③有横梁的支撑结构，应在横梁连接处或其附近设支撑。横梁为焊接钢梁时，接头位置与近支撑点的距离应在支撑间距的 1/3 以内。

④支撑、土钉必须牢固，严禁碰撞。

(5)人工锤击沉入木桩支护。

1)作业时，必须由作业组长负责指挥，统一信号，作业人员的动作应协调一致。

2)作业中，应划定作业区，非作业人员禁止入内。

3)锤击时夯头应对准桩头，严禁用手扶夯头或桩帽。

4)沉桩过程中，应随时检查木夯、铁夯、大锤等，确认操作工具完好，发现松动、破损，必须立即修理或更换。

(6)板撑支护。

1)沟槽土壤中应无水，有水时应采取排降水措施将水降至槽底 50 cm 以下。

2)施工中应根据土质、施工季节、施工环境等情况选用单板撑、井字撑、稀撑、横板密撑或立板密撑支护(图 4—1～图 4—5)。

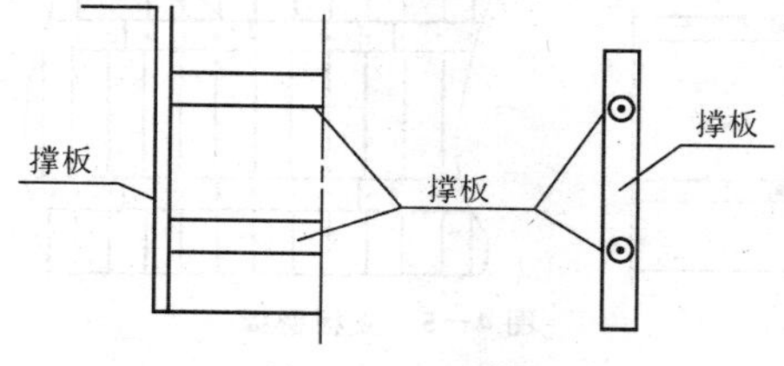

图 4—1　单板撑

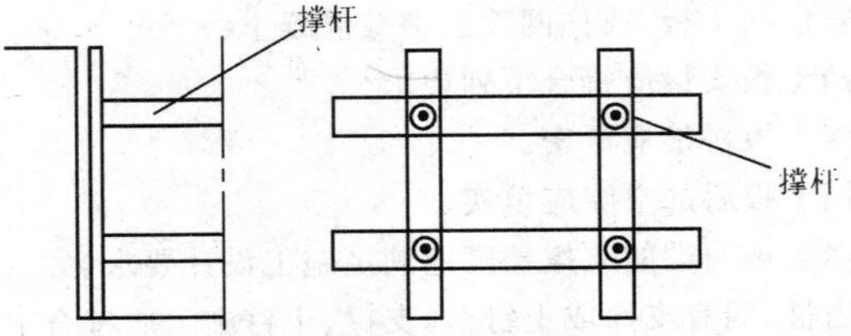

撑杆

撑杆

图 4—2 井撑

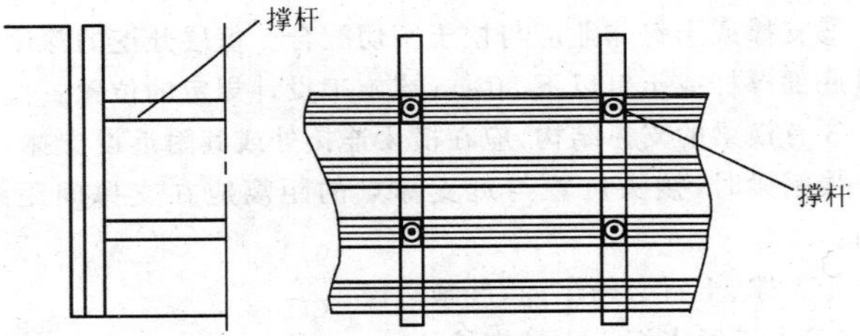

撑杆

撑杆

图 4—3 稀撑

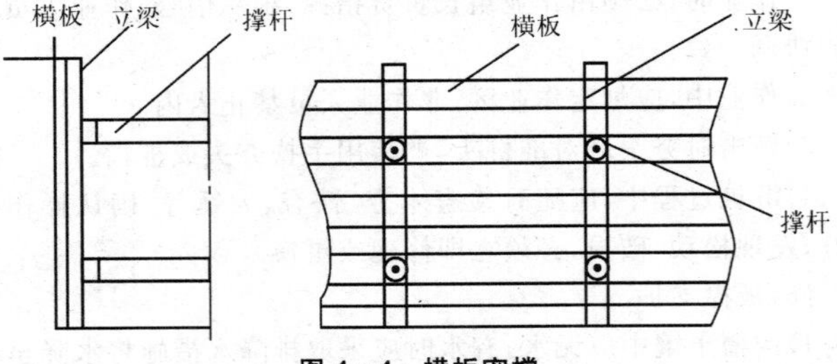

横板 立梁 撑杆

横板 立梁

撑杆

图 4—4 横板密撑

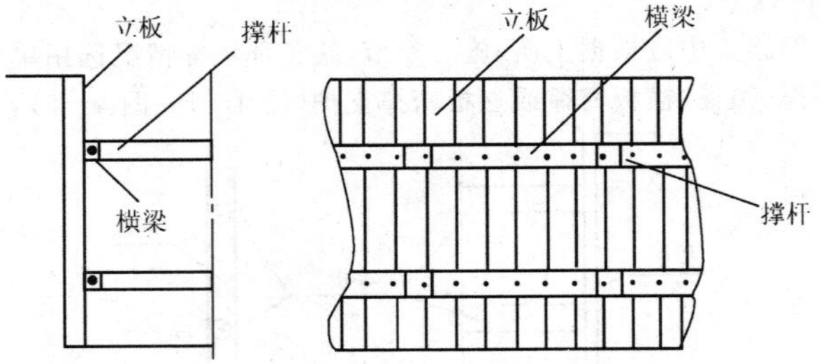

立板 撑杆

横梁

立板 横梁

撑杆

图 4—5 立板密撑

3）支护前，应将槽壁整修平整，撑板安装应密贴槽壁，立梁或横梁应紧贴撑板，撑杆应水平，支靠应紧密，连接应牢固。

4）支护应紧跟沟槽挖土。槽壁开挖后应及时支护，土壤外露时间不宜超过 4 h。

5）安设撑板并稳固后，应立即安设立梁或横梁、撑杆。

6）严禁用短木接长作撑杆。

7）倒撑或缓撑，必须在新撑安装牢固后，方可松动旧撑。

8）施工过程中，应设专人检查，确认支护结构的支设符合施工设计的要求。

9）槽壁出现裂缝或支护结构发生位移、变形等情况时，必须停止该部位的作业，对支护结构采取加固措施，经检查验收合格，形成文件后方可继续施工。

（7）拆除支护结构。

1）拆除前，应根据槽壁土体、支护结构的稳定情况和沟槽、基坑附近建（构）筑物、管线等状况，规定拆除安全技术措施。

2）拆除支护结构应和回填土紧密结合，自下而上分段、分层进行，拆除中严禁碰撞、损坏未拆除部分的支护结构。

3）采用机械拆除沉、埋桩时应符合下列要求。

①拆除作业必须由信号工负责指挥。

②作业前，应划定作业区和设安全标志，非作业人员不得入内。

③拆除前宜先用千斤顶将桩松动。吊拔时应垂直向上，不得斜拉、斜吊，严禁超过机械的起拔能力。

④吊拔桩的拔出长度至半桩长时，应系控制缆绳保持桩的稳定。

⑤拔除桩后的孔应及时填实，恢复地面原貌。

⑥吊拔困难或影响邻近建（构）筑物安全时，应暂停作业，待采取相应的安全技术措施，确认安全后方可实施。

4）拆除沉、埋桩的撑杆时，应待回填土还至撑杆以下 30 cm 以内或施工设计规定位置，方可倒撑或拆除撑杆。

5）拆除相邻桩间的挡土板时，每次拆除高度应依据土质、槽深而定；拆除后应及时回填土，槽壁的外露时间不宜超过 4 h。

6）拆除立板撑，应在还土至撑杆底面 30 cm 以内，方可拆除撑杆和相应的横梁；撑板应随还土的加高逐渐上拔，其埋深不得小于施工设计规定。

7)拆除横板密撑应随还土的加高自下而上拆除，一次拆除撑板不宜大于 30 cm 或一横板宽。一次拆撑不能保证安全时应倒撑，每步倒撑不得大于原支撑的间距。

8)拆除单板撑、稀撑、井字撑一次拆撑不能保证安全时，必须进行倒撑。

9)采用排水井的沟槽应由排水沟的分水线向两端延伸拆除。

10)拆除与回填土施工过程中，应设专人检查，发现槽壁出现坍塌征兆或支护结构发生劈裂、位移、变形等情况必须暂停施工，待及时采取安全技术措施，确认安全后方可继续施工。

11)拆除的支护材料应及时集中到指定场地，分类码放整齐。

怎样才能保障管道沟槽、基坑支护施工中土钉墙支护的安全？

(1)采用土钉墙支护，应遵守现行《建筑基坑支护技术规程》(JGJ 120—1999)的有关规定。

(2)当沟槽范围内有地下水时，应在施工前采取排降水措施降低地下水。在砂土、虚填土、房渣土等松散土质中，严禁使用土钉墙支护。

(3)土钉墙施工设计中，应确认土钉抗拉承载力、土钉墙整体稳定性满足施工各个阶段施工安全的要求。

(4)土钉墙支护，应先喷射混凝土面层后施工土钉。墙面坡度不宜大于 1∶0.1。

(5)土钉必须和面层有效连接，应设置承压板或加强钢筋等构造措施，承压板、加强钢筋应分别与土钉螺栓、钢筋焊接连接。

(6)土钉的长度宜为开挖深度的 0.5～1.2 倍，间距宜为 1～2 m，与水平面夹角宜为 5°～20°。

(7)土钉钢筋宜采 HRB335 级、HRB400 级钢筋，钢筋直径宜为 16～32 mm，钻孔直径宜为 70～120 mm。

(8)注浆材料宜采用水泥浆或水泥砂浆，其强度等级不宜低于 M10。

(9)喷射混凝土面层宜配置钢筋网，钢筋直径宜为 6～10 mm，间距宜为 15～30 mm；喷射混凝土强度等级不宜低于 C20，面层厚度不宜小于 8 cm。

(10)坡面上下段钢筋网搭接长度应大于 30 cm。

(11)土钉墙支护应按施工设计规定的开挖顺序自上而下分层进行，随开挖随支护。

(12)进入沟槽和支护前，应认真检查和处理作业区的危石、不稳定土层，确认沟槽土壁稳定。

(13)喷射混凝土和注浆作业人员应按规定使用防护用品，禁止裸露身体作业。

(14)喷射管道安装应正确，连接处应紧固密封。管道通过道路时，应设置在地槽内并加盖保护。

(15)喷射支护施工应紧跟土方开挖面。每开挖一层土方后，应及时清理开挖面，安设骨架、挂网，喷射混凝土或砂浆，并遵守下列规定。

1)骨架和挂网应安装稳固，挂网应与骨架连接牢固。

2)喷射混凝土或砂浆配比、强度应符合施工设计规定。喷射过程中，应设专人随时观察土壁变化状况，发现异常必须立即停止喷射，采取安全技术措施，确认安全后，方可继续进行。

(16)土钉宜在喷射混凝土终凝 3 h 后进行施工，并遵守下列规定。

1)土钉类型、间距、长度和排列方式应符合施工设计的规定。

2)搬运、安装土钉时，不得碰撞人、设备。

3)钻孔应连续完成。作业时，严禁人员触摸钻杆。

(17)钻孔完成后应及时注浆，并遵守下列规定。

1)注浆的材料、配比和控制压力等，必须根据土质情况、施工工艺、设计要求，通过试验确定。浆液材料应符合环境保护要求。

2)注浆机械操作工和浆液配制人员必须经安全技术培训，考核合格方可上岗。

3)作业和试验人员应按规定使用安全防护用品，严禁裸露身体作业。

4)注浆初始压力不得大于0.1 MPa。注浆应分级、逐步升压至控制压力。填充注浆压力宜控制在0.1～0.3 MPa。

5)作业中注浆罐内应保持一定数量的浆液,防止放空后浆液喷出伤人。

6)作业中遗洒的浆液和刷洗机具、器皿的废液应及时清理,妥善处置。

7)浆液原材料中有强酸、强碱等材料时,必须储存在专用库房内,设专人管理,建立领发料制度,且余料必须及时退回。

8)使用灰浆泵应符合下列要求。

①作业前应检查并确认球阀完好,泵内无干硬灰浆等物,各连接件紧固牢靠,安全阀已调到预定安全压力。

②因故障停机时,应先打开泄浆阀使压力下降,再排除故障。灰浆泵压力未达到零时,不得拆卸空气室、安全阀和管道。

③作业后应将输送管道中的灰浆全部泵出,并将泵和输送管道清洗干净。

(18)土钉墙的土钉注浆和喷射混凝土层达到设计强度的70%后,方可开挖下层土方。

(19)施工中每一工序完成后,应隐蔽验收,确认合格并形成文件后,方可进入下一工序。

(20)遇有不稳定的土体,应结合现场实际情况采取防塌措施,并应符合下列规定。

1)在修坡后应立即喷射一层砂浆、素混凝土或挂网喷射混凝土,待达到规定强度后方可设置土钉。

2)土钉支护宜与预应力锚杆联合使用。

3)支护面层背后的土层中有滞水时,应设水平排水管,并将水引出支护层外。

4)施工中应加强现场观测,掌握土体变化情况,及时采取应急措施。

(21)施工中应随时观测土体状况,发现墙体裂缝、有坍塌征兆时,必须立即将施工人员撤出基坑、沟槽的危险区,并及时处理,确认安全。

怎样才能保障管道沟槽、基坑回填施工的安全?

(1)有支撑的沟槽、基坑,还土时必须保持支撑的安全和稳定。严禁砸碰支撑结构。

(2)管道、管渠两侧和井、室四周应对称分层回填,还土高差不得大于 30 cm;管顶以上 50 cm 范围内不得用机械碾压。

(3)回填时,严禁掏洞取土。

(4)向槽、坑内卸土时,应设专人指挥,槽、坑内人员必须撤至安全地带。

(5)采用自卸汽车、机动翻斗车向槽、坑内卸土时,车辆与槽、坑边的距离应据土质、槽(坑)深而定,且不得小于 1.5 m;车轮应挡掩牢固。

(6)用手推车向槽、坑内卸土时,槽边应挡掩牢固,倒土应稳倾、稳倒,严禁撒把倒土。

(7)采用推土机向沟槽、基坑内推土时,应设专人指挥,指挥人员应站在推土机侧面,确认沟槽、基坑内人员已撤离至安全位置,方可向推土机操作工发出向沟槽、基坑内推土的指令。送土时,推土机机身和铲刀应与槽、坑边缘保持安全距离。

(8)采用装载机向沟内卸土时,装载机前轮与槽、坑边缘的距离不得小于 2.0 m,轮胎必须挡掩牢固。

(9)人工夯实土方时,应精神集中。两人打夯时,应互相呼应,动作一致,用力均匀。

(10)使用静作用压路机压实回填土,应遵守下列规定。

1)压路机碾压的工作面应平整,新填的松铺土层应先初步夯实后方可上碾碾压。对松铺、填土地基和傍山地段进行碾压时,必须先勘察现场,确认安全。

2)压路机作业应设专人指挥。机械开动前,指挥人员应检查周围环境,确认无人员和障碍物,方可向压路机操作工发出开动指令。

3)碾压中,指挥人员应与压路机操作工密切配合,及时疏导周围人员至安全地带;指挥人员严禁位于机械行驶方向的前端。

4)机械不得停置于土路边缘、斜坡上和妨碍交通的地方。

怎样才能保障管道基坑预制管安装施工的安全?

(1)管节堆放层应高符合要求,严禁超高违章堆放。

(2)管及管节吊装采用起重设备时应符合现行行业标准的要求。

(3)雨季应注意采取防滑措施。

怎样才能保障排水管道安装和铺设的安全?

(1)下管。

1)施工中,排管、下管宜使用起重机具进行,严禁将管子直接推入沟槽内。管子吊下至距槽底 50 cm 时,作业人员方可在管道两侧辅助作业,管子落稳后方可松绳、摘钩。

2)人工下钢筋混凝土管应遵守下列规定。

①下管必须由作业组长统一指挥,统一信号,分工明确,协调作业。

②下管前方严禁站人。

③管径小于或等于 500 mm 的管子可用溜绳法下管。

④管径大于或等于 600 mm 的管子可用压绳法下管,大绳兜管的位置与管端距离不得小于 30 cm。

⑤使用大绳下管时,作业人员应用力一致,放绳均匀,保持管体平稳。

3)三脚架倒链吊装下管应遵守下列规定。

①跨越沟槽架设管子的排木或钢梁应根据管子质量、沟槽宽度经计算确定。梁在槽边与土基的搭接长度,应视土质和沟槽边坡确定,且不得小于 80 cm。排木或钢梁安设后应检查,确认合格,并形成文件。

②将管子放在梁上时,两边应用木楔楔紧。

4)调整管子中心、高程时,作业人员应协调一致,并应采取防止管子滚动的措施，手、脚不得伸入管子的端部和底部；管子稳定后，必须挡掩牢固。

5)在砂砾石基础上采用三脚架倒链或起重机稳管，调整基础高程时，不得将手臂伸入管子下方。

6)稳管作业，管子两侧作业人员不通视时，应设专人指挥。

(2)管道接口。

1)在管基上人工移送管子、调整管子位置与高程、管子对口，应由作业组长指挥。作业人员的动作应协调一致，手、脚不得放在管子下面和管口接合处。

2)管道接口中需断管或管端边缘凿毛时，锤柄必须安牢，錾子无飞刺，握錾的手必须戴手套，打锤应稳，用力不得过猛。

3)承插式柔性接口安装时，应由作业组长统一指挥，非作业人员不得进入安装区域，作业人员动作应协调一致，顶拉速度应缓慢、均匀。

4)采用胶黏剂黏结的塑料管接口施工应遵守下列规定。

①胶黏剂、丙酮等易燃物，必须存放在危险品仓库中。运输、使用时必须远离火源，严禁明火。

②黏结接口时作业人员应使用防护用品，严禁明火，严禁用电炉加热胶黏剂。

③气温低于 5 ℃不得进行黏结接口施工。

5)采用电熔法连接的塑料管接口施工应遵守下列规定。

①电气接线、拆卸作业必须由电工负责。

②通电熔接时，严禁电缆线受力。

③熔接时不得用手触摸接口。

④熔接面应洁净、干燥。

⑤熔接时气温不得低于 5 ℃。

6)接口采用橡胶圈密封的塑料管，气温低于－10 ℃不得进行接口施工。

(3)管道勾头。

1)施工前必须向作业人员进行安全技术交底，并形成文件，未经交底严禁作业。

2)作业前必须打开拟勾头、打堵的井口和邻近的井口送风。

3)下检查井前,必须按规定对井内空气中氧气和有毒有害气体浓度进行检测,确认安全后方可进行勾头、打堵作业,遇有危及人身安全的异常情况,必须立即停止作业,分析原因,待采取安全技术措施后,方可恢复作业。

4)管道打堵作业应遵守下列规定。

①打堵作业必须设专人指挥。

②打堵作业应由具有施工经验的技术工人操作。

③井内作业人员应穿戴劳动保护用品,系安全绳。

④作业中必须采取防溺水措施。

⑤井内照明电压不得大于 12 V,宜采用防水灯具。

5)工作坑或检查井周围应设护栏、安全标志、警示灯。

6)夜间施工应备有充足的照明。

7)下井作业时,井上应有人监护,内外呼应,确认安全。

怎样才能保障管道检查井、闸室施工的安全?

(1)井、室施工作业现场应设护栏和安全标志。

(2)井、室的踏步材料规格、安置位置,应符合设计规定;作业中应随砌随安,不得砌筑完成后,再凿孔后安装。

(3)井、室完成后,应及时安装井盖。施工中断未安井盖的井、室,必须临时加盖或设围挡、护栏,并加安全标志。

(4)位于道路上的井、室井盖安装,应遵守下列规定。

1)井盖应与道路齐平。

2)井盖的品种、材质、规格、额定承重荷载,应符合设计文件规定;安装井盖时,尚应核对井盖品种与管道类别并符合道路功能要求。

3)与道路等工程同时施工的井、室,其井筒的加高与降低,应与道路等施工进度协调一致,快速完成。

4)加高与降低电力、信息管道井、室时,应约请管道管理单位赴现场监护,并对井、室内设施采取保护措施。

(5)井、室完成后,应及时回填土,清理现场;当日回填土不能完成时，必须设围挡或护栏，并加安全标志。

怎样才能保障管道止推墩、翼墙、出水口施工的安全？

(1)管道、管件的止推墩(锚固墩)、翼墙、出水口等，应符合设计文件的规定。

(2)管道、管件的止推墩、锚固墩采用现浇混凝土结构时，混凝土必须浇筑在原状土土层上；采用砌筑结构的止推墩，砌筑墙体与原状土层间，应用混凝土或砂浆填筑密实。

(3)止推墩的强度未达设计规定强度前不得承受外力振动。

(4)管道临河道的出水口宜在枯水期施工。

(5)为防止在施管道内进水，施工部位的下游，应设挡水坝；挡水坝应高于施工期间最高水位 70 cm 以上，坝体结构应能承受水流的冲刷。

怎样才能保障排水管道闭水、闭气试验的安全？

(1)排水管道闭水试验。

1)闭水试验期间，无关人员不得进入临时便桥接近观测井。

2)闭水试验合格后，应及时排出试验管段和检查井内的水，并拆除堵板。

3)闭水试验合格并排出管、井内的水后，必须盖牢检查井盖，并进行管道回填土。

(2)排水管道闭气试验。

1)闭气试验前，管道试验段必须划定作业区，并设围挡或护栏和安全标志，非施工人员不得入内。

2)闭气试验装置、试验方法和适用范围，应符合现行《混凝土排水管道工程闭气试验标准》(CECS 19:90)的规定。

3)安装堵板时，止推器必须撑紧，确保堵板能承受试验气压和气体温度膨胀产生的组合压力。

4)向管道内充气与试验过程中,作业人员严禁位于堵板的正前方。

怎样才能保障给水管道水压试验的安全?

(1)严禁以气压法代替水压试验。

(2)引接水源需打开检查井盖时,必须在检查井周围设围挡或护栏,并设安全标志。

(3)水压试验的临时管道设置在道路上时,应对临时管道采取保护措施,并与道路顺接,满足车辆、行人的安全要求;夜间和白天阴暗时,现场应设充足的照明和警示灯。

(4)试验前应划定作业区,设围挡或护栏、安全标志,白天阴暗和夜间还应设警示灯。

(5)试验中作业人员必须位于安全地带,严禁位于承压堵板支撑端的前方和支撑结构的侧面等危险区域。

(6)水压试验过程中,严禁对管身、接口进行敲打或修补缺陷,遇有缺陷时应作出标记,卸压后方可进行修补。

(7)试验完成后,应及时排除管内的水,并拆除临时管道,恢复原况。

怎样才能保障给水管道冲洗、消毒的安全?

(1)冲洗、消毒中应由管道的管理单位设专人负责水源的阀门开启与关闭作业。作业人员不得擅自离开岗位。

(2)作业中各岗位人员应配备通信联络工具进行联系,并设专人巡逻检查,确认正常,遇异常情况应及时处理。

(3)消毒液必须存放在库房内,指派专人管理,发放时应履行领料手续,余料收回。使用时,消毒液操作人员必须戴口罩、手套等防护用品。

(4)冲洗消毒完成后,应及时拆除进、出口的临时管道,恢复原况。

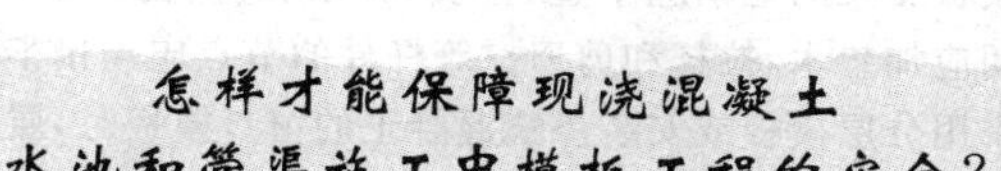

怎样才能保障现浇混凝土水池和管渠施工中模板工程的安全?

(1)模板加工。

1)木模板加工场内严禁烟火,易燃物必须集中存放在指定位置,下班前应及时清理出场。

2)模板、支撑和材料码放应平稳;码放高度不得大于 2 m。圆木垛高度不得大于 3 m,垛距不得小于 1.5 m;成材垛高不得大于 4 m,垛距不得小于 1 m。钢材垛高应由地基承载力验算确定,且不宜大于 1.2 m。

3)严禁在机械运行中测量工件尺寸和清理机械上面和作业平台上的木屑、刨花和杂物。

4)机械运行中严禁跨越机械转动部分传递工件、工具等。排除故障、拆装刀具时,必须切断电源,待机械停稳后,方可进行。操作人员与辅助人员应密切配合,协调一致。

5)作业后,必须切断电源,锁固闸箱,并擦拭、滑润机械、清除木屑、刨花。

(2)模板运输。

1)使用载重汽车运输模板、支架应捆绑、打摽稳固、牢靠,严禁人员攀爬或坐卧在模板、支架上,严禁超宽、超高。

2)使用手推车运输模板等,装车应均衡,捆绑应牢固,卸车应均衡、有序,严禁撒把卸车。在坡道上应缓慢行驶、控制速度,下坡时前方不得有人。

3)模板及其支承系统安装。

①基坑、沟槽边不得堆放模板和木料、钢材等,模板、散料和工具不得在高处浮搁。脚手架上不得集中堆放模板,钢模堆放不宜超过 3 层。

②向基坑、沟槽内运输模板及其配件时,应与坑、槽内人员相互呼应;吊运时,下方不得有人;下到基坑、沟槽内的模板、材料应平放稳固,不得靠立在土壁上。

③模板支架的地基应平整、坚实、排水良好，立柱应垂直，立柱与地基间应加垫木，拉杆和剪刀撑等杆件的节点应连接牢固。

④采用分层模板或安装浇筑混凝土的窗口模板时，层高或窗口竖向间距不得大于 1.5 m，并应采取防止杂物坠入模板仓内的措施。

⑤已安装好的模板，下班前必须固定。

4）模板及其支承系统拆除。

①拆除模板及其支承系统，应经混凝土试块强度检验，确认混凝土已达到拆模强度时，方可拆除。

②复杂结构和高处作业应有专人指挥，并按拆除方案规定的程序、方法和安全技术措施进行。

③拆除模板及其支承系统应标示出作业区，严禁非作业人员进入作业区，必要时应设专人看守。

④高处作业时，作业人员必须在作业平台上操作；连接件、工具和扳手等应放在工具袋内，不得放在模板或脚手板上；严禁抛掷。

⑤上下传接模板及其杆件应精神集中、相互照应，模板应随拆除随传运，不得堆放在脚手板上。中途停歇，必须将活动部件固定牢靠。

⑥拆除间歇时，应将已活动的模板、拉杆、支撑等固定牢固，不得留有松动或悬挂的模板。

⑦不得使用氧气割炬切割、烧烤模板拉杆，已拆除的模板、拉杆、支撑应及时运走，妥善堆放。拆下带钉木料，应随时将钉子拔掉。

⑧平板与墙体上危及人员安全的预留孔洞，应在模板拆除后封闭、盖严。

怎样才能保障现浇混凝土水池和管渠施工中钢筋工程的安全？

（1）钢筋码放。

1）码放时，不得锈蚀和污染，应保留铭牌。应按规格、牌号分类码放。

2)整捆码垛高度不宜超过 2 m,散捆码垛高度不宜超过 1.2 m。

3)加工成型的钢筋、钢筋网、钢筋骨架,应放置稳定,码放高度不得超过 2 m,码放层数不宜超过 3 层,直径大于 1 m 的笼式钢筋骨架不得双层码放。

(2)钢筋除锈。

1)操作人员应戴防尘口罩、护目镜和手套。

2)除锈应在钢筋调直后进行,带钩的钢筋不得由除锈机除锈。

3)操作人员应站在钢丝刷或喷砂器的侧面。

4)现场应通风良好。

5)严禁触摸正在旋转的钢丝刷和将喷砂嘴对人。

(3)钢筋冷拉。

1)冷拉场地在两端地锚外必须设防护挡板和安全标志,严禁人员在此停留。

2)冷拉场夜间工作照明设施,应设在冷拉危险区以外。

3)冷拉作业必须由作业组长统一指挥,作业前,指挥人员必须检查设备和环境,确认设备、环境安全、确认钢筋卡牢后,方可发出冷拉信号。

4)冷拉作业时,应设专人值守,严禁钢筋两侧 2 m 内和冷拉线两端有人,严禁跨越钢筋或钢丝绳。

5)冷拉作业发现滑丝等情况,必须立即停机,待放松后方可进行处理。

6)作业后和作业中遇停电时,必须将卷扬机控制手柄或按钮置于零位,放松钢丝绳、落下配重、切断电源、锁好闸箱。

(4)钢筋和钢筋骨架运输。

1)钢筋骨架绑扎、焊接点应牢固。钢筋骨架应具有足够的刚度和稳定性,运输中应采取防骨架失稳的措施。

2)运输前应根据施工现场周围环境、作业条件、运输道路、架空线路和钢筋质量、钢筋骨架外形尺寸等,选择适宜的运输车辆和吊装设备。

3)车辆运输时钢筋和骨架应捆绑、打摽牢固,严禁超载。

4)人工搬运钢筋应遵守下列规定:人工搬运钢筋时,应前后呼应,动作一致;上下坡和拐弯时,前方人员应提前向后方人员传递信息；搬运过程中，应随时注视上方架空线，左右障碍物和地上突起物，避开障碍物；卸料时，应指定地点堆放并码放整齐，不得乱扔乱放；高处人工竖向搬运钢筋时，应走斜道，斜道上严禁堆放钢筋；上下传递钢筋时，上边传接人员必须挂好安全带，不得探身传接料，下面垂直方向不得站人。

(5)钢筋绑扎。

1)在模板、作业平台、脚手架等上码放钢筋，不得集中、不得超载。高处作业时，钢筋不得临边码放。

2)在水池、管渠的底板和顶板钢筋骨架上作业时应铺脚手板，不得蹬踩钢筋作业。

3)钢筋骨架应有足够的刚度，绑扎过程中必须采取防止钢筋骨架失稳的临时支撑措施。钢筋骨架稳固前，严禁拆除临时支撑。

4)绑扎高处、深槽、深坑的立柱或墙的钢筋时，应搭设脚手架；作业时，不得站在钢筋骨架上，不得攀登钢筋骨架上下。高于 4 m 的钢筋骨架应设临时支撑。

5)在坡面上绑扎钢筋时，坡面上宜搭设作业平台。作业平台应牢固，不得滑移，作业人员应穿防滑鞋。

怎样才能保障现浇混凝土水池和管渠施工中混凝土工程的安全？

(1)混凝土拌和。

1)搅拌站机械设备的各种电气设施必须由电工引接、拆卸。作业中发现漏电征兆、缆线破损等必须立即停机、断电，由电工处理。

2)手推车向搅拌机料斗内倾倒砂石料时，应设挡掩，严禁撒把倒料。

3)作业人员向搅拌机料斗内倾倒水泥时，脚不得蹬踩料斗。

4)机械运转过程中，机械操作工应精神集中，严禁离岗；机械发生故障必须立即关机、断电。

5)固定式搅拌机的料斗在轨道上提升(降落)时，严禁其下方有人。料斗需悬空放置时，必须将料斗固锁。

6)严禁在搅拌机运转中将手或木棒、工具等伸进搅拌筒或在筒口清理混凝土。

7)搅拌站边界应设护栏和安全标志,非施工人员不得入内。

8)搅拌机运行时,严禁人员进入贮料区和卸料斗下。

9)需进入搅拌筒内作业时,必须先关机、断电、固锁电闸箱,并在搅拌筒外设专人监护,严禁离开岗位。

10)外掺剂应在库房中存放,专人管理、专人负责,正确使用,混凝土浇筑完成后,剩余外掺剂应交回库房保存。

(2)混凝土浇筑。

1)混凝土振捣设备应完好,电气接线与拆卸必须由电工操作,使用前必须由电工进行检查,确认合格方可使用。

2)混凝土振捣设备应设专人操作。操作人员应在施工前进行安全技术培训,考核合格。作业中应保护电缆,严防振动器电缆磨损漏电,使用中出现异常必须立即关机、断电,并由电工处理。

3)浇筑、振捣作业应设专人指挥,分工明确,并按施工方案规定的顺序、层次进行。作业人员应协调配合,浇筑人员应听从振捣人员的指令。

4)浇筑作业人员应穿戴防护服、防护靴。

5)浇筑混凝土过程中,必须设模板工和架子工对模板及其支承系统和脚手架进行监护,随时观察模板及其支承系统和脚手架的位移、变形情况,出现异常,必须及时采取加固措施。当模板及其支承系统和脚手架,出现坍塌征兆时,必须立即组织现场施工人员离开危险区,并及时分析原因,采取安全技术措施进行处理。

6)浇壁、柱、梁、板、漏斗时,应搭设作业平台。严禁站在壁、柱、梁、板、漏斗的模板及其支撑上操作。严禁在钢筋上踩踏、行走。

7)从高处向模板仓内浇筑混凝土时,应使用溜槽或串筒。溜槽和串筒应连接牢固。严禁攀登溜槽或串筒作业。

8)浇筑水池斜壁混凝土时,宜设可移动的作业平台,作业人员应站在平台上操作。

9)浇筑倒拱或封闭式吊模构筑物应先从一侧浇筑混凝土,待低处模底混凝土浇满,并从另侧溢出浆液后,方可从另侧浇筑混凝土。浇筑过程中应严防倒拱或吊模上浮、位移。

10)使用插入式振动器进入仓内振捣时,应对缆线加强保护,防止磨损漏电。

11)夜间或在模板仓内浇筑混凝土应设 12 V 照明。

(3)混凝土养护。

1)养护区的孔洞必须盖牢。

2)养护用覆盖材料应具有阻燃性。混凝土养护完成后的覆盖材料应及时清理,集中至指定地点存放。废弃物应及时妥善处理。

3)作业中,养护与测温人员应选择安全行走路线。夜间照明必须充足;使用便桥、作业平台、斜道等时,必须搭设牢固。

怎样才能保障砌体水池和管渠施工的安全?

(1)砌块搬运与堆放。

1)砌块运输道路应平整、坚实,无障碍物,沿线电力架空线路的净高应符合规定。桥梁、便桥和管道等地下设施的承载力,应满足车辆荷载要求。运输前应实地路勘,确认符合运输和设施安全要求。

2)砌块应码放整齐,高度不得超过 1.5 m,取用砌块应先取高处后取低处,顺序进行。

3)基坑、沟槽边 1 m 内不得堆放或运输砌筑材料。1 m 范围以外堆放物料应进行边坡稳定验算,确认安全。

4)汽车、机动翻斗车在基坑、沟槽边卸料,应与坑、槽边缘保持安全距离。安全距离应依坑、槽的土质、深度和土壁支护情况确定,且不得小于 1.5 m;卸料时,应设专人指挥,车轮应挡掩牢固;车辆下方严禁有人。

5)手推车运砌块,装料高度不得超过车帮高度。装车应由后到前,卸车应由前到后,顺序装卸。推车不得猛跑,前后车水平距离不得小于 2 m。坡道行车,应空车让重车,重车下坡严禁溜放。

6)手推车在基坑、沟槽边卸料,应距坑、沟边缘 1.5 m 以上;车轮应挡掩牢固,严禁撒把。

7)手工向基坑、沟槽内运送砌块时,应使用溜槽。溜槽的坡度不得过陡。禁止采用抛掷方法运输。如人工传递时,应稳递稳接,上下操作人员站立位置应错开。

(2)水池与管渠砌筑

1)每日连续砌筑高度不宜超过 1.2 m。分段砌筑时，相邻段的高差不宜超过 1.2 m。

2)砌筑墙体和抹面高度超过 1.2 m 时，应支搭作业平台。

3)脚手架上放砌块应均匀摆放，总载重不得超过脚手架施工设计的承载能力。上下脚手架应走斜道或安全梯。不得站在墙体上砌筑和行走。

4)在脚手架上砌筑墙体时，使用的工具应放在稳妥的地方。

5)墙的转角和交接处不得留直茬。砌筑中断时，应留梯形接茬并将已砌完的空隙用砂浆填满。

怎样才能保障水池满水试验的安全？

(1)水池满水试验的池壁周围应划定作业区，设防护栏杆和安全标志，非施工人员不得入内。

(2)向池内注水期间和蓄水后，严禁擅自下水。

(3)观测平台、工作便桥临边必须设高度不小于 1.2 m 的栏杆，并满铺稳固的脚手板，栏杆下缘应设高度不小于 18 cm 的挡脚板。

(4)安全梯两侧应设栏杆，观测作业平台、工作便桥、安全梯必须采取防滑措施。

(5)满水试验观测水位的人员应设两人，工作时必须走安全梯、作业平台、工作便桥、系安全绳。观测人员应位于作业平台上，两人相互配合，一人观测，另一人对观测人员进行监护。需在水中作业时，应选派熟悉水性的人员操作，并采取防溺水措施。

(6)夜间作业应设置充足的照明设施。

怎样才能保障消化池气密试验的安全？

(1)安装、拆除池顶的堵板，作业人员应系安全带并设监护人员值守。

(2)气密试验前应按下列内容编制试验方案和相应的安全技术措施。

1)置换气室内有毒、可燃气体的方案。

2)消化池堵板必须根据气密试验的试验压力进行结构设计,其安全系数不得小于3.0。

3)堵板必须设置进、排气阀,并明确规定排气阀的规格,安装位置。

4)观测用作业平台,工作便桥和安全梯。

5)制定气密试验值班制度和观测人员守则。

6)消化池和供气管路一旦发生漏气、开裂和接头滑脱时的紧急处理措施。

(3)试验前,必须在消化池危险区的周围设置围挡、安全标志。试验时必须派人警戒,禁止非作业人员入内。

(4)气密试验时观测人员进行观测和外观检查,必须走安全梯和工作便桥,且应在工作平台上进行仪表读数记录等。

(5)试验开始升压时,作业人员严禁站在受压堵板和供气管路接头的正前方。

(6)试验过程中,所有受压堵板均应设专人在有防护措施的条件下进行观察,发现问题应及时采取处理措施。

(7)气密试验过程中发现漏气点必须做出标记,严禁敲击;消化池处于承压状态时,禁止对其任何部位或附件进行修理。

(8)修补池外缺陷前必须将其排气阀打开排气,经检测确认气室内无可燃、可爆危险,方可进行修补。

第五章

市政供热和燃气管道工程施工

怎样才能保障管子坡口加工的安全?

(1)管子坡口加工现场应设标志,周围不得有易燃物,非作业人员不得靠近。坡口加工完成后,管口应采取措施保护。

(2)切断管子宜使用切管机,不宜用砂轮锯。管子切口刃处不得直接用手摸触,切口应倒钝。

(3)切管机、坡口机等电气接线、拆卸必须由电工操作。作业中应保护缆线完好无损,发现缆线破损、漏电征兆时,必须立即关机、断电,由电工检查处理。

(4)切断管子或坡口加工时,被加工管子和切下管段应采取承拖措施,不得自由下落。

(5)用手锯切管时应遵守下列规定。

1)工作台应安置稳固。

2)手锯锯片应为合格产品。

3)加工件应垫平、卡牢。

4)切断时用力应均衡,不得过猛,手脸必须避离锯刃、切口处。

5)切断部位应采取承托措施。

怎样才能保障管件与支架制作的安全?

(1)管件与支架等制作应事先制订方案,采取相应的安全技术措施。

(2)使用机械切板、投孔时,应将工件固定牢固;手不得直接触摸切口、孔口和机械传动机构。

(3)管件对接时主管必须垫牢,调整精度过程中,严禁摘钩,严禁将手放在管口间。

(4)弯管机弯管时,应采取防止被夹持管子失稳和防夹手的保护措施。

(5)在主管道上直接开孔焊接分支管道时,应对被切除部分采取防坠落措施。

(6)现场组焊固定支架采用起重机具时,支架施焊未完成前严禁摘钩。

怎样才能保障供热管道下管和铺管施工的安全?

(1)在沟槽外排管时,场地应平坦、不积水;管子与槽边的距离应根据管子质量、土质、槽深确定,且不得小于 1 m;管子应挡掩牢固。

(2)在沟槽上方架空排管时,应遵守下列规定。

1)沟槽顶部宽度不宜大于 2 m。

2)排管所使用的横梁断面尺寸、长度、间距,应经计算确定。严禁使用糟朽、劈裂、有疖疤的木材作横梁。

3)排管用的横梁两端应置于平整、坚实的地基上,并以方木支垫,其在沟槽上的搭置长度,每侧不得小于 80 cm。

4)支承每根管子的横梁顶面应水平,且同高程。

5)排管下方严禁有人。

(3)下管前,必须检查沟槽边坡状况,确认稳定。下管中,应在沟槽内采取防止管子摆动的措施和设临时支墩。

(4)起重机具下管应将管子下放至距管沟基面或沟槽底 50 cm 后,作业人员方可在管道两侧辅助作业,管子落稳后方可摘钩。

(5)管段较长,使用多个起重机或多个倒链下管时,必须由一名信号工统一指挥。管段各支承点的高程应一致,各个作业点应协调作业,保持管段水平下落。

(6)对口作业应遵守下列规定。

1)人工调整管子位置时必须由专人指挥,作业人员应精神集中，配合协调。

2)采用机具配合对口时，机具操作工必须听从管工指令。

3)对口时，严禁将手脚放在管口或法兰连接处。

4)对口后，应及时将管身挡掩，并点焊固定。

5)点焊时，施焊人员应按规定使用面具等劳动保护用品，非施焊人员必须避开电弧光和火花。

(7)架空管道安装应遵守下列规定。

1)作业前，应根据架空管节的长度和质量、管径、支架间距与现场环境等状况，对临时支架进行施工设计，其强度、刚度、稳定性应符合管道架设过程中荷载的要求。

2)临时支架必须支设牢固，不得与支架结构相连；支设完成后，应进行检查、验收，确认符合施工设计的要求并形成文件后，方可安装管子。

3)支架结构施工完成，并经验收，确认合格，方可在其上架设管子。严禁利用支架作地锚、后背等临时受力结构使用。

4)高处作业人员携带的小工具、管件等，应放在工具袋内，放置安全。不得使用上下抛掷方法传送工具和材料等。

5)高处作业下方可能坠落范围内严禁有人。

6)大雨、大雪、大雾、沙尘暴和6级(含)以上大风天气应停止露天作业。

怎样才能保障供热管道焊接施工中电弧焊(切割)的安全?

(1)使用电弧焊设备应符合下列要求。

1)焊接设备应完好，符合相应的焊接设备标准规定，且应符合现行《弧焊设备第1部分：焊接电源》(GB 15579.1—2004)的规定。

2)焊接设备的工作环境应与其说明书的规定相符合，安放在通风、干燥、无碰撞、无剧烈震动、无高温、无易燃品存在的地方。

3)在特殊环境条件下(室外的雨雪中，温度、湿度、气压超出正常范围或具有腐蚀、爆炸危险的环境)，必须对设备采取特殊的防护措施。

4)作业中,裸露导电部分必须有防护罩和防护设施,严禁与人员和车辆、起重机、吊钩等金属物体相接触。

5)焊机的电源开关必须单独设置,并设自动断电装置。

6)多台焊机作业时,应保持 50 cm 以上间距,不得多台焊机串联接地。

7)作业时,严禁把接地线连接在管道、机械设备、建(构)筑物金属构架和轨道上,接地电阻不得大于 4 Ω,现场应设专人检查,确认安全。

8)长期停用的焊机恢复使用时必须检验,其绝缘电阻不得小于 0.5 MΩ,接线部分不得有腐蚀和受潮现象。使用前,必须经检查,确认合格,并记录。

9)露天作业使用的电焊机应设防护设施。

10)受潮设备使用前,必须彻底干燥,并经电工检验,确认合格,并记录。

11)作业结束后,电焊设备应经清理,停置在清洁、干燥的地方,并加遮盖。

(2)构成焊接(切割)回路的焊接电缆必须适合焊接的实际操作条件,并应符合下列要求。

1)构成焊接回路的焊接电缆外皮必须完整、绝缘良好(绝缘电阻大于 1 MΩ),不得将其放在高温物体附近。焊接电缆宜使用整根导线,需接长时,接头处必须连接牢固、绝缘良好。

2)电焊缆线长度不宜大于 30 m,需要加长时,应相应增加导线的截面。

3)电缆禁止搭在气瓶等易燃物上;禁止与油脂等易燃物质接触。

4)能导电的物体(如管道、轨道、金属支架、暖气设备等)不得用作焊接电路。锁链、钢丝绳、起重机、卷扬机或升降机不得用于传输焊接电流。

5)电焊缆线穿越道路时,必须采取保护措施(如设防护套管等)。通过轨道时,必须从轨道下穿过。缆线受损或断股时,必须立即更换,并确认完好。

6)焊机接线完成后，操作前，必须检查每一个接头，确认线路连接正确、良好，接地符合规定要求。

7)焊接缆线应理顺，严禁搭在电弧和炽热的焊件附近和锋利的物体上。

8)作业中，焊接电缆必须经常进行检查。损坏的电缆必须及时更换或修复，并经检查，确认符合要求，方可使用。

(3)使用焊钳、焊枪等应符合下列要求。

1)电焊钳必须具备良好的绝缘和隔热性能，并维护正常。焊钳握柄必须绝缘良好，握柄与导线连接应牢靠，接触良好，连接处应采用绝缘布包严、不得外露。

2)电焊机二次侧引出线、焊把线、电焊钳的接头必须牢固。

3)作业中不得身背、臂夹电焊缆线和焊钳，不得重力撞击使焊钳受损。

4)金属焊条和焊极不使用时，必须从焊钳上取下。焊钳不使用时，必须置于与人员、导电体、易燃物体或压缩空气瓶不接触处。

5)作业中，严禁焊条或焊钳上带电部件与作业人员身体接触。

6)焊钳不得在水中浸透冷却。

7)作业中不得使用受潮焊条。更换焊条必须戴绝缘手套，手不得与电极接触。

(4)闭合开关时，作业人员必须戴干燥完好的手套，并不得面向开关。

(5)在木模板上施焊时，应在施焊部位下面垫隔热阻燃材料。

(6)严禁对承压状态的压力容器和管道、带电设备、承载结构的受力部位与装有易燃、易爆物品的容器进行焊接和切割。

(7)需施焊受压容器、密封容器、油桶、管道、沾有可燃气体和溶液的工件时，必须先按介质特性采取相应的方法消除其内压力、消除可燃气体和溶液、并冲洗有毒、有害、易燃物质，确认合格后，方可进行。

(8)施焊存贮易燃、易爆物的容器、管道前，必须打开盖口，根据存贮的介质性质，按其技术规定进行置换和清洗，经检测，确认合格并记录，方可进行。施焊中尚须采取严格地强制通风和监护措施。对存有残余油脂的容器，应先用蒸气、碱水冲洗，确认干净，并灌满清水后，方可施焊。

(9)在喷刷涂料的环境内施焊前，必须规定专项安全技术措施，并经专家论证，确认安全并形成文件后，方可进行。严禁在未采取措施的情况下施焊。

(10)焊接预热件时，应采取防止辐射热的措施。

(11)进入容器、管道、管沟、小室等封闭空间内作业时，应符合下列要求。

1)现场必须配备完好的氧气和有毒、有害气体浓度检测仪器。仪器应由具有生产资质的企业制造，并按规定校正，确认合格并记录，方可使用。

2)进入封闭空间前，必须先打开拟进及其相邻近的盖(板)，进行通风换气。通风设备应完好、有效，风管应为不可燃材质，风量应满足相应空间的要求，并设进、出风口。

3)通风后进入前，应经检测仪器准确检测，确认空气中氧气浓度符合现行《缺氧危险作业安全规程》(GB 8958—2006)的有关规定、有毒与有害气体浓度符合现行《工作场所有害因素职业接触限值》(GBZ 2.1～2.2—2007)的有关规定，并记录后，方可进入封闭空间内作业。

4)经检测确认封闭空间内空气质量合格后，应立即进入作业，如未进入，当再进入前，应重新检测，确认合格，并记录。

5)作业中，必须对作业环境的空气质量状况进行动态监测，确认电焊烟尘的浓度不超过 6 mg/m^3，氧气和有毒、有害气体浓度符合要求，并记录。

6)通风不能满足要求，又持续产生有毒、有害气体时，必须使用满足使用要求的供气呼吸器。供给呼吸器或呼吸设备的压缩空气必须满足作业人员正常的呼吸要求，压缩空气必须采用专用输送管道，不得与其他管路相连接，除空气外，氧气、其他气体或混合气不得用于送风。

7)照明电压不得大于 12 V。

8)焊工身体应用干燥的绝缘材料与焊件和可能导电的地面相隔。

9)施焊时，出入口处必须设人监护，内外呼应，保持联系，确认安全，严禁单人作业。监护人员必须具有能在紧急状态下迅速救出和保护里面作业人员的救护措施、能力和设备。

10)作业人员应轮换至空间外休息。

11)施焊用气瓶和焊接电源必须放置在封闭空间的外面，严禁将正在燃烧的焊割具放在其内。

(12)作业后必须整理缆线、锁闭闸箱、清理现场、熄灭火种，待焊、割件余热消除后，方可离开现场。

怎样才能保障供热管道焊接施工中不锈钢焊接的安全?

(1)使用直流焊机焊接应采用“反接法”，即工件接负极。焊机正负标记不清或转钮与标记不符时，使用前必须用万能电用表检测，确认正负极后，方可操作。停焊后，必须将焊条头取出或将焊钳挂牢在规定处，严禁乱放。

(2)施焊中，使用砂轮打磨坡口和清理焊缝前，必须检查砂轮片及其紧固状况，确认砂轮片完好、紧固，并戴护目镜。

(3)氩弧焊接应符合下列要求。

1)施焊现场应具有良好的自然通风，或配置能及时排除有毒、有害气体和烟尘的换气装置，保持作业点空气流通。施焊时作业人员应位于上风处，并应间歇轮流作业。

2)施焊中，作业人员必须按规定穿戴防护用品。在容器内施焊时应戴送风式头盔、送风式口罩或防毒口罩等防护用品。

3)手工钨极氩弧焊接时，电源应采用直流正接。

4)使用交流极钨氩弧焊机，应采用高频稳弧措施，将焊枪和焊接导线用金属纺织线屏蔽，并采取预防高频电磁场危及双手的措施。

5)打磨钨极棒时，必须戴防尘口罩和眼镜。接触钨极后，应及时洗手、漱口。钨极棒应放置封闭的铅盒内，专人保管不得乱放。

(4)在用等离子切割不锈钢过程中，必须遵守氩弧焊接的安全技术规定。当电弧停止时，不得立即去检测焊缝。

(5)酸洗和钝化不锈钢工件应符合下列要求。

1)凡患呼吸系统疾病者不宜从事酸洗作业。

2)使用不锈钢丝刷清刷焊缝时,应由里向外推刷,不得来回刷。

3)酸洗时,作业人员必须穿戴防酸工作服、口罩、防护眼镜、乳胶手套和胶鞋。

4)氢氟酸等化学物品必须在专用库房内妥善保管,并建立相应的管理制度,专人领用,余料及时退库存放。

5)酸洗钝化后的废液必须经专门处理,严禁乱弃倒。

怎样才能保障供热管道焊接施工中氧(燃)气焊接(切割)的安全?

(1)现场应根据气焊工作量安排相应的气瓶用量计划,随用随供,现场不宜多存。

(2)现场应设各种气瓶专用库房,各种气瓶不使用时应存放库房,并应建立领发气瓶管理制度,由专人领用和退回。

(3)气焊作业人员必须穿戴工作服、手套、护目镜等安全防护用品。

(4)作业中不得使用原材料为电石的乙炔发生器。

(5)所有与乙炔相接触的部件(仪表、管路附件等)不得由铜、银以及铜或银含量超过70%的合金制成。

(6)气瓶及其附件、软管、气阀与焊(割)炬的连接处应牢固,不得漏气。使用前和作业中应检查、试验,确认严密。检查严密性时应采用肥皂水,严禁使用明火。

(7)气瓶必须专用,并应配置手轮或专用扳手启闭瓶阀。

(8)严禁使用未安装减压器的氧气瓶。使用减压器应符合现行《焊接、切割及类似工艺用气瓶减压器》(GB/T 7899—2006)的有关规定,并应符合下列规定。

1)减压器应完好,使用前应检查,确认合格,并符合使用气体特性及其压力。

2)减压器的连接螺纹和接头必须保证减压器与气瓶阀或软管

连接良好、无泄漏。

3)减压器在气瓶上应安装合理、牢固。采用螺纹连接时，应拧足五个以上螺扣；采用专用的夹具压紧时，卡具安装应平整牢固。

4)从气瓶上拆卸减压器前，必须将气瓶阀关闭，并将减压器内的剩余气体释放干净。

5)同时使用两种气体进行焊接或切割时，不同气瓶减压器的出口端，都应各自装设防止气流相互倒灌的单向阀。

(9)氧气瓶、气瓶阀、接头、减压器、软管和设备必须与油、润滑脂和其他可燃物、爆炸物相隔离。严禁用沾有油污的手、带有油迹的手套触碰气瓶或氧气设备。

(10)气瓶使用时必须稳固竖立或装在专用车(架)或固定装置上。气瓶不得作为滚动支架，禁止使用各种气瓶作登高支架或支撑重物的衬垫、支架。

(11)作业中氧气瓶与乙炔气瓶的距离不得小于 10 m。

(12)用于焊接和气割输送气体的软管应符合下列要求。

1)输送氧气和乙炔等气体的软管，其结构、尺寸、工作压力、机械性能、颜色应符合现行《气体焊接设备焊接、切割和类似作业用橡胶软管》(GB/T 2550—2007)的规定。

2)作业中，应经常检查，保持软管完好，禁止使用泄漏、烧坏、磨损、老化或有其他缺陷的软管。

3)禁止将气体胶管与焊接电缆、钢丝绳绞在一起。

4)焊接胶管应妥善固定，禁止将胶管缠绕身上作业。

5)作业中不得手持连接胶管的焊炬爬梯、登高。

(13)作业中，严禁使用氧气代替压缩空气。用于氧气的气瓶、管线等严禁用于其他气体。

(14)作业中禁止在带压或带电压的容器、管道等上施焊。

(15)使用焊炬、割炬必须符合下列要求。

1)按使用说明书规定的焊、割炬点火和调节与熄火的程序操作。

2)点火前，应检查，确认焊、割炬的气路通畅、射吸能力和气密性等符合要求。

3)点火应使用摩擦打火机、固定的点火器或其他适宜的火种。

焊割炬不得指向人、设施和可燃物。

怎样才能保障供热管路附件安装施工的安全?

(1)阀门安装。

1)阀门经检验确认合格后,方可安装。

2)阀门未安装前,应放置稳固,运输中应捆绑牢固。

3)吊装阀门不得以阀门的手轮、手柄或传动机构作支、吊点。

4)吊装阀门未稳固前,严禁吊具松绳。

5)两人以上运输、安装质量较大阀门时,要统一指挥、动作协调。

6)阀门安装完毕,确认稳固后方可拆除临时支承设施。

7)阀门安装螺栓应均匀、对称施力紧固,不得过猛。紧固时,严禁加长扳手手柄。

(2)方形补偿器安装。

1)方形补偿器制作、安装位置、预加应力应符合设计和施工设计规定。

2)施加预应力机具应完好,作业前应检查,确认符合要求。

3)使用螺栓施加预应力应符合下列要求。

①施加预应力装置的结构应经计算确定。

②施加预应力装置安装应牢固。

③施加螺杆应对称、均匀分布。

④施力时应对称,缓慢、均匀。

⑤补偿器与管道连接前,严禁人员碰撞施力装置。

4)补偿器与管道焊接前,严禁人员蹬、踩千斤顶传力系统、补偿器和管道。

5)套筒补偿器、波纹补偿器安装时,临时支承设施必须牢固。补偿器与管道连接固定后,方可拆除临时支承设施。

(3)安全阀、压力表、温度计等安装。

1)安装时,应按设计和产品说明书的要求进行,位置正确、安装牢固、附件齐全、质量合格。

2)安装过程中,应采取保护措施,严禁碰撞、损坏。

3)安全阀安装时,严禁加装附件。安装完毕,应按设计规定进行压力值调整,经验收确认合格后锁定,并形成文件。

4)安装后,安全阀、压力表等应经验收,确认合格并记录。使用中应保持完好,并按规定定期检验,确认合格。

(4)法兰安装。

1)采用机具安装时,必须待法兰临时固定后,方可松绳。

2)作业高度大于1.2 m时,应设作业平台。

3)穿装螺栓时,身体应避开螺栓孔。紧固时应施力对称、均匀,不得过猛,严禁加长扳手手柄。

怎样才能保障供热管道保温施工的安全?

(1)施工前,应根据保温材料的特性,采取相应的安全技术措施。

(2)作业时,作业人员应按规定使用相应的劳动保护用品。

(3)作业高度大于1.5 m(含)时,必须设作业平台。

(4)使用铁丝捆绑保温瓦壳结构时,应将绑丝由上向下贴管壁捆绑,操作工应注意避离绑丝,严禁将绑丝头朝外。作业人员不得在保温壳上操作或行走。

(5)采用粉状、散状材料填充保温时,施工中必须采取防止粉尘散落、飞扬的措施。

(6)采用聚氨酯等材料灌填保温应遵守下列规定。

1)作业环境应通风良好。

2)模具应完好,安装支设牢固。

(7)使用喷涂法施作保温结构应遵守下列规定。

1)喷涂机具应完好,管路应通畅、接口应严密。压力表、安全阀等应灵敏有效。作业前应经试喷,确认合格。

2)喷涂中不得超过规定的控制压力。

3)作业时,不得把喷枪对向人、设备和设施。

4)5级(含)风以上天气,不得露天施工。

5)机具设备和管路发生故障或检修时，必须停机断电、卸压后方可进行。

(8)采用保温绳、带施工时，宜两人配合作业。

(9)施作金属套保护层应箍紧，纵向接口不得外翘、开裂，徒手不得触摸接口刃处。

(10)施工中，剩余原材料应回收，散落物应及时清除，妥善处置，保持环境清洁。

怎样才能保障燃气管道下管与铺管施工的安全?

(1)非明挖敷设管子。

1)施工中应设专人指挥，各工序应定员定岗，明确职责，同时做好通信联系工作。

2)作业前必须根据设计文件和作业现场勘察情况，调查、复核新敷设管道与沿线现况地下管线等建(构)筑物的距离，确认安全；不符合安全要求时，必须采取可靠措施处理，确认安全并形成文件后，方可施工。

3)敷设管道与原地下管线等建(构)筑物的最小水平、垂直净距应符合现行《城镇燃气设计规范》(GB 50028—2006)的有关规定。

4)施工工艺需采用泥浆时，应设泥浆沉淀池，池体结构应坚固，其周围应设防护栏杆；泥水不得随地漫流，污泥应妥善处理。

5)作业中所需机具、设备应完好，安全装置应齐全有效，安装应稳固，使用前应检查、试运转，确认合格。

6)施工中所使用的专用机具，应遵守原产品使用说明书的规定，并制定相应的安全操作规程。

7)施工前应根据施工工艺要求设工作坑，并应符合下列要求。

①工作坑宜选择在现况道路之外，不影响居民出行的地方。需在现况道路内时，必须在施工前编制交通导行方案，并经交通管理部门批准。施工中必须设专人疏导交通和清理现场。

②工作坑不宜设在电力架空线路下方。需设在电力架空线路下方时，施工中严禁使用起重机、钻孔机、挖掘机等。

③地下水位高于工作坑底部时，应采取降水措施，保持干槽作业。

④工作坑坑沿部位不得有松动的石块、砖、工具等物，坑壁必须稳定。需支护时，其结构应经结构计算确定，并形成文件。

⑤坑口外 2 m 范围内不得有障碍物，周围应设围挡，非作业人员严禁入内。

⑥工作坑基础应坚实、平整，满足施工需要，并经验收，确认合格。

⑦人员上下工作坑应设安全梯或土坡道。

⑧两端工作坑的作业人员应密切联系，步调一致。

8)管线敷设完成后，应及时按施工设计规定回填，恢复原地貌。

(2)管道穿越河道施工。

1)过河管道宜在枯水季节施工。

2)施工前，应对河道和现场环境进行调查，掌握现场的工程地质、地下水状况和河道宽度、水深、流速、最高洪水位、上下游闸堤、施工范围内的地上与地下设施等现况，编制过河管道施工方案，规定相应的安全技术措施。

3)施工前，应向河道管理部门申办施工手续，并经批准。

4)作业区临水边应设护栏和安全标志，白天阴暗和夜间时应加设警示灯。

5)进入水深超过 1.2 m 的水域作业时，应选派熟悉水性的人员，并应采取防止溺水的安全措施。

6)采用渡管导流方法施工应符合下列要求。

①筑坝范围应满足过河管道施工安全作业的要求。

②渡管过水断面、筑坝高度与断面应经水力计算确定。坝顶的高度应比施工期间可能出现的最高水位高 70 cm 以上。

③当渡管大于或等于两排时，渡管净距应大于或等于 2 倍管径。

④渡管应采用钢管焊制，上下游坝体范围内管外壁应设止水环。

⑤人工运渡管及其就位应统一指挥，上、下游作业人员应协调配合。

⑥渡管必须稳定嵌固于坝体中。

7)围堰施工应遵守下列规定。

①围堰断面应据水力状况确定,其强度、稳定性应满足最高水位、最大流速时的水力要求。围堰不得渗漏。

②围堰内的面积应满足沟槽施工和设置排水设施的要求。

③围堰外侧迎水面应采取防冲刷措施。

④围堰顶面应高出施工期间可能出现的最高水位 70 cm 以上。

⑤筑堰应自上游起,至下游合龙。

⑥拆除坝体、围堰应先清除施工区内影响航运和污染水体的物质,并应通知河道管理部门。拆除时应从河道中心向两岸进行,将坝体、围堰等拆除干净。

8)采用土围堰应符合下列要求。

①水深 1.5 m 以内、流速 50 cm/s 以内、河床土质渗透系数较小时,可筑土围堰。

②堰顶宽度宜为 1～2 m,堰内坡脚与基坑边缘距离应据河床土质和基坑深度向定,且不得小于 1 m。

③筑堰土质宜采用松散的黏性土或砂夹黏土,填土出水面后应进行夯实。填土应自上游开始至下游合龙。

④由于筑堰引起流速增大,堰外坡面可能受冲刷危险时,应在围堰外坡用土袋、片石等防护。

9)采用土袋围堰应符合下列要求。

①水深 1.5 m 以内、流速 1.0 m/s 以内、河床土质渗透系数较小时可采用土袋围堰。

②堰顶宽宜为 1～2 m,围堰中心部分可填筑黏土和黏土芯墙。堰外边坡宜为 1∶1～1∶0.5;堰内边坡宜为 1∶0.5～1∶0.2,坡脚与基坑边缘距离应据河床土质和基坑深度而定,且不得小于 1 m。

③草袋或编织袋内应装填松散的黏土或砂夹黏土。

④堆码土袋时,上下层和内外层应相互错缝、堆码密实且平整。

⑤水流速度较大处,堰外边坡草袋或编织袋内宜装填粗砂砾或砾石。

⑥黏土心墙的填土应分层夯实。

10)施工中,过河管道两端检查井井口应盖牢或设围挡。

(3)聚乙燃管安装。

1)接口机具的电气接线与拆卸必须由电工负责,作业中应保护缆线完好无损,发现破损、漏电征兆时,必须立即停机、断电,由电工处理。

2)施工中严禁明火。热熔、电熔连接时,不得用手直接触摸接口。

3)管材和管材粘接材料应专库存放,并建立管理制度,余料应回收。

4)离工中,尚应遵守现行《聚乙烯燃气管道工程技术规程(附录文说明)》(CJJ 63—2008)的有关规定。

怎样才能保障燃气管道焊接施工的安全?

(1)焊接钢管固定口工作坑尺寸。

在沟槽内焊接钢管固定口时,应挖工作坑。工作坑应满足施焊人员安全操作的要求,其尺寸不得小于表5-1的规定。

表5-1 焊接钢管固定口工作坑尺寸

管径(mm)	宽度(cm)	长度(cm)		深度(cm)
		焊口前	焊口后	
125~200	$D+50\times2$	30	60	40
250~700	$D+60\times2$	30	90	50

注:1.表中管径当开挖分支管工作坑时,应以分支管管径计;
2.表中工作坑尺寸应以工作坑底部计;
3.表中D示管外径(cm)。

(2)手工氩弧焊焊接。

1)弧光区应实行封闭。

2)焊接时应加强通风。

3)对焊机高频回路和高压缆线的电气绝缘应加强检查,确认绝缘符合规定。

(3)无损探伤法检测焊缝。

1)检测设备及其防护装置应完好、有效。使用前应经具有资质的检测单位检测,确认合格,并形成文件。

2)无损探伤的检测人员应经专业技术培训,考试合格,持证上岗。

3)现场应划定作业区,设安全标志。作业时,应派人值守,非检测人员严禁入内。

4)检测设备周围必须设围挡。

5)X、γ射线射源运输、使用过程中,必须按其说明书规定采取可靠的防护措施。X、γ射线探伤人员必须按规定使用防射线劳动保护用品,并应在防射线屏蔽保护下操作。

6)现场作业使用射线探伤仪时,应设射线屏蔽防护遮挡和醒目的安全标志。射源必须根据探伤仪和防射线要求设有足够的屏蔽保护,确认安全,并应由专人管理、使用;现场放置和作业后必须置于安全、可靠的地方,避离人员;作业后必须及时收回专用库房存放。

7)使用超声波探伤仪作业时,仪器通电后严禁打开保护盖。

8)仪表设施出现故障时,必须关机、断电后方可处理。

9)长期从事射线探伤的检测人员应按劳动保护规定,定期检查身体。

10)对接钢管焊缝的射线探伤尚应符合现行《金属熔化焊焊接接头射线照相》(GB/T 3323—2005)的规定。对接钢管焊缝的超声探伤尚应符合现行《承压设备无损检测》(JB/T 4730.1～4730.6—2005)的规定。

怎样才能保障燃气管道管路附件安装施工的安全?

(1)设备和附件安装前,应学习设计文件和产品说明书,掌握安装要求,确定吊装方案、吊点位置,选择吊装机具,制订相应的安全技术措施。

(2)阀门、套筒、道路附件等安装前,应经检查,确认合格。

(3)人工搬运、安装附件应由专人指挥,作业人员协调配合,并采取防碰伤措施。

(4)需安装凝水器时应遵守下列规定。

1)凝水器应按设计规定加工制作。

2)加工焊制完成经验收合格后,方可安装。凝水器安装时,作业人员手脚应避离其底部。

怎样才能保障管道试验的安全?

(1)试验设备应安装稳固,并安设在管道一侧,不得安装在堵板的支撑端前方区域。

(2)堵板焊接、后背支撑系统必须牢固,排气阀位置应符合施工设计要求。试验前必须全面检查,确认符合安全技术要求,并形成文件。

(3)管道试验应分级进行,缓慢升压,间断稳压,严禁超压。

(4)试验中,作业人员必须位于安全地带,严禁位于承压堵板的支撑端前方和承压支撑结构的侧面。

(5)试验过程中,试压后背、临时加固点、试验堵板等处应设专人值守观察,发现管道后背支承系统、临时加固装置失稳和受压堵板变形,必须立即停止试压,关机、断电,并采取安全技术措施。

(6)气压试验时,检查管道接口严密状况应采用肥皂水涂刷,严禁使用明火。

(7)试验过程中,不得敲击受压状态下的管道、设备和附件,发现管道接口或附件渗漏应作标记,严禁当场处理。必要时,对上述部位应采取保护措施。

(8)管道卸压后方可进行检修、处理。

(9)燃气管道严密性试验应采用气密方法,并应遵守下列规定。

1)总体强度试验合格,且阀门、凝水器等附件安装完成,并确认合格后,方可进行气密性试验。

2)试验前,管道两侧应回填夯实,管顶应覆土 50 cm 以上。

3)气密性试验应先稳压,待确认安全后,方可观测压力降。

4)对 U 型水银压力计应采取保护措施,不得散落水银。人体不得接触水银。

(10)严密性试验合格且管道验收后,应及时还土。

怎样才能保障供热管道清洗施工的安全?

(1)管道总体试压合格具备清洗条件后,应及时进行管道清洗。

(2)清洗前,应检查管道冲洗安全技术措施落实情况,确认加固部位及其设施符合要求,确认不得与管道同时清洗的设备和附件与管道已隔开。

(3)清洗管道进、出口范围应划定禁区并设围挡和安全标志,夜间和白天阴暗时必须加设警示灯和照明,并设人值守,非作业人员严禁入内。

(4)清洗出口的朝向、高度、倾角应符合安全技术要求,严禁对向人、设备、建(构)筑物。

(5)清洗的排水或排气管,应引至地面并能满足排放要求的安全地点,严禁排水冲向道路、公路、房屋、铁路、轨道交通、杆线等建(构)筑物和人员活动、出行的场所。

(6)清洗水、汽出口处的管段必须采取加固措施。

(7)管道清洗时,应缓慢开启进水或进汽阀门,逐渐加大至控制流量。

(8)蒸汽吹洗应遵守下列规定。

1)蒸汽吹洗用排气管应简短,设控制阀,端部应支撑牢固。

2)蒸汽冷凝水排放时应控制压力,并设专人负责(检查室内不得少于 2 人)。冷凝水排净后,必须立即关闭阀门,迅速撤离现场,检查室内严禁有人。

3)用热蒸气吹洗时,应先预热管道,管道温度一致后,方可按规定加大蒸气流量。

4)吹洗中,试验人员严禁触摸管道。

5)检查管道清洗质量取样时,严禁用手直取。

6)管道清洗完毕确认合格后,应及时临时封堵保护。

怎样才能保障燃气管道吹扫施工的安全？

(1)吹扫口应按施工设计规定安装临时控制阀,安装必须牢固。

(2)管道与排放口的连接应牢固。吹扫排放口应采取加固措施,现场应设禁区,周围设围挡和安全标志,非施工人员严禁入内。夜间和阴暗时必须加设警示灯。

(3)吹扫工作应在白天,不得在夜间进行。

(4)排放口为开放式时,应在排放口设置安全网袋;非开放式时必须控制压差,符合施工设计规定。

(5)吹扫前应完成下列准备工作。

1)确认各岗位人员,职责明确,建立了通信网络。

2)收发球装置安装前应检查,并验收合格;安装后应检查,确认符合设计或施工设计要求,并记录。

3)吹扫进出口安全措施已落实。

4)对作业人员进行了安全技术交底。

5)紧急处置措施已落实,必要的社会联系工作已完成。

(6)通球从进球口装入后,入口处必须封闭牢固,确认符合要求,并记录。

(7)吹扫作业中,严禁紧固螺栓、敲击管道;严禁用火柴、打火机等检查管道接口严密状况。

(8)吹扫应逐步升压至吹扫规定压力。

(9)吹扫中应跟踪通球运行状况。通球出现堵塞时,必须关机、断电、卸压,方可处理;处理完毕,确认合格后,方可恢复吹扫。

(10)通球从收球口取出前,必须关机、断电、卸压,待确认无压后,方可打开收球口取球,并清除污物;清除合格后,应将管口临时封堵保护。

(11)管道设预留口时,预留口堵板结构应经计算确定,焊接必须牢固。

(12)聚乙烯管道吹扫时,应采用不含粉尘的洁净吹扫介质,并采取防静电措施。

怎样才能保障热网试运行的安全？

(1)试运行前，应在建设单位组织下，成立由设计、监理、管理、施工等单位参加的指挥系统，研究并确定安全作业的各项准备工作和各单位的分工，明确职责。

(2)开机时应缓慢开启热源阀门，按运行方案规定预热，逐步升温、升压至设计控制温度和压力。严禁超温、超压试运行。

(3)试运行中不得敲击受压状态下的管道、设备和附件。

(4)试运行中，作业人员进入检查井、管沟检查和调试附件应遵守下列规定。

1)进入前，必须先打开井、沟盖(板)通风，经检测小室、管沟内空气中氧气和有毒、有害气体浓度符合规定并记录，方可作业。

2)作业时应有充足照明，严禁使用明火照明。

3)运行中遇积水需使用潜水泵时，人员严禁入内。

4)作业中，应采取防烫伤、防坠落、防碰撞、防窒息的安全措施。

5)试运行中，小室、管沟外应设专人监护，内外保持联系，确认安全。

(5)试运行中，发生管道、附件损坏和泄漏等影响试运行的安全状况，必须立即停止作业和试运行。

(6)试运行中应设专人对沿线各检查井(室)内管路、管路附件的安全状况进行巡察，掌握试运行情况，确认正常。

参考文献

[1] 杨志鸣. 市政工程施工安全技术操作手册[M]. 上海：同济大学出版社，2006.

[2] 李世华. 市政工程安全管理(市政施工专业)[M]. 北京：中国建筑工业出版社，2006.

[3] 刘俊良. 市政工程施工项目与设施管理[M]. 北京：化学工业出版社，2004.

[4] 本书编写组. 机械安全便携手册[M]. 北京：机械工业出版社，2006.

[5] 陈卫红，陈镜琼，史廷明. 职业危害与职业健康安全管理[M]. 北京：化学工业出版社，2006.

[6] 任宏，兰定筠. 建设工程安全技术与管理丛书——建设工程施工安全管理[M]. 北京：中国建筑工业出版社，2005.

[7] 崔京洁. 工程建设安全管理[M]. 第 2 版. 北京：中国水利水电出版社，2005.